Albrecht Beutelspacher

Mathematik

Basics

Piper München Zürich

Mehr über unsere Autoren und Bücher:
www.piper.de

MIX
Papier aus verantwor-
tungsvollen Quellen
FSC® C083411

Ungekürzte Taschenbuchausgabe
Februar 2012
© 2001 Piper Verlag GmbH, München
Satz: Kösel, Krugzell
Gesetzt aus der CorporateA
Umschlagkonzeption: simper smile, München
Umschlaggestaltung und -motiv: Bauer + Möhring, Berlin
Papier: Munken Print von Arctic Paper Munkedals AB, Schweden
Druck und Bindung: CPI – Clausen & Bosse, Leck
Printed in Germany   ISBN 978-3-492-27331-2

Albrecht Beutelspacher
Mathematik

PIPER

Zu diesem Buch

Mathematik ist spannend? Rechnen kann reich machen?
Logik ist Lustig?
Genau! *Mathematik-Basics* macht es vor und verrät, was
sich hinter Fermats letztem Satz verbirgt, wie man das
rechnerische System hinter dem Lotto-Glück versteht und
warum sich der Barbier nicht selbst rasieren kann.

Albrecht Beutelspacher ist Professor für Mathematik, hat
als Mitarbeiter bei Siemens die Telefonkarte miterfunden
und begeistert als Initiator des ersten mathematischen
Mitmachmuseums Mathemuffel und Nerds gleichermaßen.

Inhalt

Vorwort	7
Abakus	10
Achilles und die Schildkröte	12
Darf sich der Barbier selbst rasieren?	14
Benfords Gesetz	16
Bienenwaben	18
Binomische Formel	20
Bit	22
Codes	24
Diagonale des Quadrats	26
Dimension	28
Divide et Impera! Oder: Was bekomme ich mit 10 Fragen raus?	30
Einmaleins	32
Fermats letzter Satz	34
Fünfeck	36
Fußball	38
Der kleine Gauß	40
Geburtstagsparadox	42
Gleichungen	44
Gödel oder: Kein Computer kann alles!	46
Goldener Schnitt	48
Wie lang ist die Küste Großbritanniens?	50
Halbwertszeit	52
Irrationalität	54
Kreise	56

Kugelpackungen	58
Lotto	60
Mengen	62
Nichteuklidische Geometrie	64
Null	66
0,999 … = 1?	68
Pi	70
Platonische Körper	72
Primzahlen	74
Der Satz des Pythagoras	76
Quadratur des Kreises	78
Kann man Konflikte rechnerisch lösen?	80
Römische Zahlen	82
Die Geschichte vom Schachbrett	84
Schönheit, mathematische	86
Seifenhäute	88
Seil um den Äquator	90
Symmetrie	92
Tische, Stühle, Bierseidel	94
Transzendenz	96
Travelling-Salesman-Problem	98
Unendliche Reihen	100
Vierfarbenproblem	102
Zahlen	104
Ziegenproblem	106
Zirkel und Lineal	108
Zufall oder: Münzen werfen	110
Register	112

Vorwort

»Wie bitte? Sie sind Mathematiker?« Die junge Frau schaute mich überrascht an: »So sehen Sie aber gar nicht aus!«

Ob ich das als Lob auffassen sollte, wusste ich nicht. Ich fragte zurück: »Wie sieht denn ein Mathematiker Ihrer Meinung nach aus?«

»Na, so wie die Mathematik. Abgehoben, uninteressant, sinnlos.«

Offenbar war das doch ein Lob für mich gewesen. Aber ihre Einschätzung der Mathematik musste ich zurückweisen: »Wissen Sie denn überhaupt, was Mathematik ist? Haben Sie schon mal Mathematik gemacht? Ich meine, so richtig?«

Das war wohl ihr schwacher Punkt: »Na ja, in der Schule eben. Hab' ich natürlich alles vergessen Und ich glaub' auch, das war gar keine richtige Mathematik.«

Ich stimmte ihr lebhaft zu, aber sie ließ mich nicht zu Wort kommen: »Ich könnt' mir aber schon vorstellen, dass mich Mathe interessiert.«

Das ließ mich hoffen. Vielleicht würde sie sogar meine neueste Veröffentlichung lesen.

Aber sie zeigte mir gleich die Grenzen ihrer Aufnahmebereitschaft: »Natürlich nicht so doll. Aber immer mal wieder. So wie im Radio zwischen zwei Musiktiteln. Ein mathematisches Thema in drei Minuten.«

Hatte sie wirklich Interesse? Sie redete einfach weiter: »Und nächste Woche noch mal.« Und als sie mein zweifelndes Gesicht sah, setzte sie nach: »Ich fänd's gut!«

Das war eine echte Herausforderung. Zunächst nahm ich sie nicht an, sondern suchte nach Ausreden: Mathematik ist schwierig, ist komplex, ist abstrakt. Viel zu schwierig, um auch nur ansatzweise die Probleme der aktuellen Forschung zu erklären. Ich müsste ihr mindestens ein halbes Jahr Nachhilfe geben. Würde ich zwar gerne machen, aber ich glaube, so weit geht ihre Liebe zur Mathematik wohl doch nicht.

Dann dachte ich daran, mit Anwendungen der Mathematik einzusteigen: Codes, Optimierung, Statistik, Finanzmathematik usw. Hier kann ich zumindest die Probleme erläutern. Wenn es dann aber an den Einsatz der Mathematik geht, wird es doch schwierig.

Es ist in jedem Fall schwierig. Man müsste zunächst die Voraussetzungen klären, dann das Problem formulieren und den Satz aufstellen und schließlich – das Wichtigste und Schwierigste in der Mathematik – den Satz beweisen. Klar: Das kann ich ihr nicht zumuten. Das ergibt kein Dreiminutenstück, sondern ein Lehrbuch. Also – unmöglich?

Aber ich wollte die Frau nicht enttäuschen. Deshalb habe ich mich für einen radikal anderen Weg entschieden: Wirklich kurze Stücke. Direkt das Thema packen. Phänomene beschreiben. Keine Voraussetzungen diskutieren. Und keine Beweise.

Über fünfzig Themen sind es geworden. Darüber habe ich mich gefreut. Natürlich ist es eine subjektive Auswahl. Aber ich hoffe, dass sich in diesem Panorama die Vielfalt und die Lebendigkeit der Mathematik zeigt.

Vielleicht ist es so wie bei einem Vorspeisenteller. Die antipasti misti ersetzen nicht die Hauptmahlzeit. Im Gegenteil, sie sollen Appetit machen. Und zwar dadurch, dass sie uns durch ihren Geschmack, ihren Geruch, ihr Aussehen schon eine Vorstellung von den Hauptgängen geben.

Genau so sollen Ihnen die einzelnen Stücke dieses Buches Appetit machen. Lesen Sie das eine, probieren Sie das andere, kosten Sie von einem dritten. Nicht zu viel auf einmal. Aber vielleicht morgen oder nächste Woche wieder ein Stück.

Ich wünsche allen Leserinnen und Lesern guten Appetit! Und vor allem natürlich Ihnen, verehrte Frau, die Sie dieses Buch angeregt haben!

Gießen, im Juli 2001
Albrecht Beutelspacher

Abakus

Der Abakus war der erste Taschenrechner der Welt. Diese römische Erfindung war jahrtausendelang *das* Hilfsmittel zum Rechnen. Er realisierte eine sehr fortschrittliche und effiziente Rechentechnik, nämlich das Dezimalsystem. Dies ist besonders bemerkenswert, weil zu der Zeit die schriftlichen Zahldarstellungen grundsätzlich unbrauchbar zum Rechnen waren.

Im Laufe der Geschichte haben sich verschiedene Varianten des Abakus entwickelt. Die Grundform ist folgende: Ein Abakus besteht aus einer Reihe von Metallstäben, die durch eine Leiste in einen kleineren oberen Teil und einen größeren unteren Teil unterteilt sind. Im oberen Teil befinden sich jeweils eine, im unteren jeweils vier Holzperlen.

Der Stab ganz rechts bestimmt die Einerstelle; der unmittelbar links daneben die Zehnerstelle, dann kommt die Hunderterstelle usw. (Meist sind rechts von der Einerstelle noch einige Stäbe, die Sonderzwecken dienen.) Die Perlen in der unteren Hälfte sind 1 wert, die in der oberen jeweils 5. Die Perlen werden gezählt, wenn sie an dem Stab, der die beiden Hälften trennt, angelegt, also in die Mitte geschoben sind.

Um eine Zahl einzustellen, schiebt man zunächst die entsprechende Zahl von Einerperlen an die Mittelleiste; wenn 4 nicht ausreichen, nimmt man die obere Perle als 5 hinzu. Zum Beispiel gibt die folgende Einstellung des Abakus die Zahl 76 543 wieder.

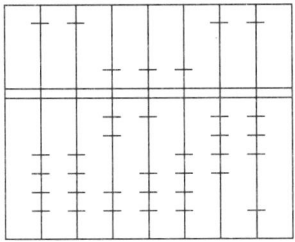

Die Addition von Zahlen ist prinzipiell einfach: Man stellt die erste Zahl ein, legt dann die zweite hinzu. Oft geht das ohne Probleme, aber manchmal kommt man mit den Perlen eines Stabes nicht aus: Es entsteht ein Übertrag. Sobald alle Perlen eines Stabes aktiviert sind und noch eine hinzukommen müsste, schiebt man eine der unteren Perlen des Stabs links davon in die Mitte und schiebt die des rechten Stabes wieder zurück.

Wenn man zum Beispiel 7 + 3 rechnen muss, stellt man zunächst auf dem Einerstab die Zahl 7 ein (5 + 1 + 1) und aktiviert dann noch zwei Einerperlen; bei der dritten muss man dann eine Zehnerperle des Stabes links davon in die Mitte schieben und die anderen Perlen zurücklegen.

Der Abakus, den wir heute kennen, hat in den unteren Abteilungen jeweils 5 und in den oberen jeweils 2 Perlen. Dies ermöglicht eine größere Sicherheit beim Rechnen, denn man kann zunächst auf dem Einerstab die Zahl 10 einstellen und dann, in einem separaten Schritt, den Übertrag bilden.

Achilles und die Schildkröte

Diese Geschichte stammt von Zenon von Elea (ca. 495 – 430 v. Chr.). Zenon war jemand, der alles in Frage stellte. Gerade hatten die griechischen Mathematiker entdeckt, wie man durch reines Nachdenken Erkenntnisse erzielen kann (aus der Voraussetzung folgt die Behauptung), da machte dieser Zenon unwiderleglich klar, dass man durch Nachdenken Ergebnisse erhalten kann, die ganz offenbar nicht stimmen. Seine berühmteste Geschichte ist die von Achilles und der Schildkröte.

Bei einem der sportlichen Wettkämpfe der Griechen geht auch Achilles, der schnellste aller Läufer, an den Start. Aber ausgerechnet eine Schildkröte macht sich anheischig, den Kampf mit Achilles aufzunehmen. Zenon schildert, wie Achilles und die Schildkröte schon vorab das Rennen gedanklich durchspielen – mit einem überraschenden Ergebnis:

Zunächst bittet die Schildkröte darum, ihr einen kleinen Vorsprung zu gewähren, vielleicht 100 Fuß. Achilles meint natürlich, dass er diesen Vorsprung in null Komma nichts aufgeholt hat. Darauf wendet die Schildkröte ein: »Dein Problem besteht darin, dass du diese Strecke eben nicht in null Komma nichts schaffst, sondern auch dafür eine gewisse Zeit brauchst. Und in dieser Zeit bin ich ein Stück vorangekommen. 10 Fuß.«

Achilles ist der Meinung, dass er auch diese Strecke sofort gelaufen sei. »Nicht sofort«, entgegnet die Schildkröte, »sondern auch dafür brauchst du Zeit; und in dieser Zeit bin ich wieder ein Stückchen vorangekommen: 1 Fuß.«

Achilles findet, das sei aber nun eine lächerliche Strecke, nicht der Rede wert. Die Schildkröte widerspricht abermals: »Auch dafür brauchst du eine gewisse Zeit. Und in dieser Zeit bin ich wieder ein kleines Stückchen weiter. Zwar nur ein zehntel Fuß, aber immerhin.«

So könnten die beiden weiterreden. Sie überlegen jeweils bis zum vorigen Standort der Schildkröte; wenn Achilles dort angelangt ist, ist diese ein Zehntel der Strecke weiter. Also kann Achilles die Schildkröte nie einholen! Absurd!

Die Paradoxie löst sich auf, wenn man beachtet, dass diese einzelnen Strecken immer kleiner werden, also Achilles dafür auch immer weniger Zeit braucht. In Wirklichkeit konstruiert die Schildkröte genau den Punkt, an dem sie überholt wird: 111,111 ... Fuß. Wenn Achilles diese Marke überschritten hat, hat er sie überholt.

Ich finde: Ein wunderschönes Beispiel dafür, wie scharfes Denken uns verunsichert und uns damit zwingt, den Dingen noch mehr auf den Grund zu gehen.

Darf sich der Barbier selbst rasieren?

Es war einmal ein kleines Dorf. In diesem Dorf gab es einen Barbier, der ein Schild an seinem Geschäft ausgehängt hatte, auf dem geschrieben stand, dass er genau diejenigen rasiere, die sich nicht selbst rasieren.

Das war keine sehr aggressive Werbung: Der Barbier begnügte sich damit, nur diejenigen zu rasieren, die es nicht selbst taten. Niemand dachte sich etwas dabei, bis ihm sein kleiner Sohn die entscheidende Frage stellte: »Darfst du dich eigentlich selbst rasieren?«

Der Vater tat die Frage ab, ohne zu ahnen, was sich da zusammenbraute: »Dumme Frage, das mache ich doch jede Woche zweimal!«

Der Sohn aber hakte nervig nach: »Du bist also *nicht* einer von denen, die sich selbst *nicht* rasieren?«

»Wie bitte?« fragte der Vater, der natürlich nicht richtig zugehört hatte, »ich bin *nicht* einer von denen, die sich *nicht*..., weil ich mich ja selbst... ja, das stimmt.«

Darauf stellte der Sohn fest: »Dann sagt dein Schild, dass du dich nicht selbst rasieren darfst!«

Jetzt brauste der Vater auf, weil er merkte, dass der Sohn wirklich etwas entdeckt hatte, was er nicht einfach so abtun konnte: »Ich soll mich nicht...?«

»Klar«, bestätigte der Kunde, der gerade unter dem Messer war: »Auf deinem Schild steht: Du rasierst genau die, die sich nicht selbst rasieren. Also rasierst du diejenigen nicht, die sich selbst rasieren. Wenn du, mein lieber Barbier, dich aber selbst rasierst, darf der Barbier, also du, dich nicht rasieren!« Mit diesem Triumph erhob er sich und ließ den Vater konsterniert zurück.

Dies ist eine etwas ausgeschmückte Version eines berühmten Paradoxons der Mengenlehre, das Bertrand Russell (1872–1970) gefunden hat. Mathematisch gesprochen geht es darum, dass es keine Menge geben kann, die alle Mengen als Element enthält.

Der Mathematiker Paul R. Halmos (geb. 1916) kommentiert diese Paradoxie treffend: »Die Nutzanwendung liegt darin, dass es – insbesondere in der Mathematik – unmöglich ist, aus dem Nichts etwas zu schaffen. Zur Beschreibung einer Menge genügt es nicht, ein paar magische Worte auszusprechen, sondern man muss schon eine Menge zur Verfügung haben, auf deren Elemente sich diese magischen Worte anwenden lassen.«

Benfords Gesetz

Stellen Sie sich Zahlen vor. Viele Zahlen. Das können statistische Daten sein wie Bevölkerungszahlen, Rechnungsbeträge oder Längen der Flüsse der Erde. Es können aber auch die ersten 1000 Primzahlen sein.

Schauen Sie sich diese Zahlen an. Nicht in ihrer Gänze, sondern jeweils nur die erste Ziffer. Fällt Ihnen etwas auf?

Wenn führende Nullen weggelassen werden, ist die erste Ziffer eine der Zahlen 1, 2, 3, 4, 5, 6, 7, 8 oder 9. Wie häufig wird es vorkommen, dass eine Zahl mit 1 beginnt? Das wird, so meinen Sie vielleicht, ebenso häufig sein wie eine 9 am Anfang.

Das ist aber nicht richtig. Die Häufigkeiten sind nach einem »logarithmischen Gesetz« verteilt: Die 1 kommt bei etwa 30% der Zahlen vor, die 2 bei 17%, die 3 nur noch bei 12% und die 9 schließlich nur noch bei schlappen 4,5%.

Dieses »First-Digit-Gesetz« ist nach dem amerikanischen Physiker Frank Benford (1883–1948) benannt, der es 1938 formuliert hatte. Es war allerdings schon vorher, im Jahre 1881, dem amerikanischen Astronomen Simon Newcomb aufgefallen. Benford hatte festgestellt, dass die Logarithmentafeln, die man damals zum Rechnen noch brauchte, auf den ersten Seiten besonders stark abgegriffen waren. Er erklärte sich das damit, dass Zahlen, die mit einer 1 beginnen und damit am Anfang der Logarithmentafel aufgeführt sind, wesentlich häufiger vorkommen als Zahlen, die mit einer anderen Ziffer beginnen.

Die Verteilung der Häufigkeiten hat noch eine bemerkenswerte Eigenschaft: Stellen wir uns die Bilanz eines großen Unternehmens vor. Dann sind die vielen Zahlen, die in der Bilanz vorkommen, gemäß dem Benfordschen Gesetz verteilt. Und zwar merkwürdigerweise unabhängig davon, ob die Bilanz in Euro, in Dollar oder in Yen aufgestellt wurde. Das nennt man die »Skaleninvarianz« dieser Häufigkeiten.

Benfords Gesetz gilt natürlich nur für reale Daten, nicht etwa für selbsterzeugte Zufallszahlen. Daher wird dieses Gesetz benutzt, um gefälschte Daten zu entdecken. Zum Beispiel gefälschte Bilanzen. Wenn an Zahlen irgendwie »gedreht« wurde, dann ist das Resultat nämlich oft so, dass das Benfordsche Gesetz verletzt ist. Klar: Wenn ich Zahlen fälschen würde, dann würde ich darauf achten, dass diese »statistisch« verteilt sind. Und dies würde bedeuten, dass alle Zahlen 1, 2, ..., 9, die am Anfang vorkommen können, gleich häufig auftauchen würden. Ganz falsch! Bei realen Daten kommt die 1 am Anfang nicht nur mit 11%, sondern mit stattlichen 30% vor!

Bienenwaben

Bienenwaben gehören zu den schönsten Strukturen der Natur. Jede Zelle einer Wabe schmiegt sich perfekt an die anderen an, es bleibt kein noch so kleiner Zwischenraum frei. Ein Musterbeispiel von Ökonomie und daraus resultierender struktureller Schönheit!

Jede Zelle einer Wabe ist ein Sechseck. Nicht irgendein Sechseck, sondern ein reguläres: Alle Strecken sind gleich lang und alle Winkel gleich groß, nämlich 120°.

Warum verwenden die Bienen ausgerechnet Sechsecke? Warum keine Dreiecke oder Quadrate (die wären leichter zu konstruieren), warum keine Fünfecke (dann müssten sie nur auf fünf zählen) oder, wenn schon große Zahlen, warum keine Achtecke? Sind doch auch schön!

Um diese Fragen zu beantworten, müssen wir weder Biologie noch Verhaltensforschung treiben, sondern es gibt eindeutige mathematische Antworten!

Eine klare Vorgabe ist, dass die Zellen der Waben lückenlos aneinander passen müssen. Mathematiker nennen eine lückenlose und überschneidungsfreie Überdeckung der Ebene durch irgendwelche Teile ein *Parkett* bzw. eine *Pflasterung*.

Aus welchen regulären Vielecken kann man die Ebene parkettieren? Jeder kennt Parkette aus Quadraten; man sieht sie im Badezimmer, und auch Karopapier ist ein Quadratparkett. Die Waben ergeben ein Parkett aus regulären Sechsecken, und ein Parkett aus gleichseitigen Dreiecken ist ganz leicht herzustellen.

Dies sind bereits alle Parkette aus regulären Vielecken.

Wenn Sie Ihr Badezimmer mit regulären Vielecken auslegen möchten, können Sie das nur mit Dreiecken, Quadraten oder Sechsecken. Warum? Ganz einfach: Mit Fünfecken geht es nicht, da ein reguläres Fünfeck in jeder Ecke einen Winkel von 108° hat. Wenn man drei Fünfecke an einer Ecke zusammenlegt, bleibt eine Lücke, wenn man vier zusammenlegt, überlappen sie sich.

Und wenn man es mit Siebenecken, Achtecken oder noch größeren Teilen versucht, schafft man nicht einmal, drei Teile an einer Ecke ohne Überschneidungen zusammenzulegen! Denn diese Vielecke haben an jeder Ecke einen Winkel, der größer als 120° ist. Man kann nicht einmal damit beginnen, ein Parkett zu legen!

Warum wählen die Bienen aber Sechsecke und nicht Dreiecke oder Quadrate? Erinnern wir uns, dass die Waben nicht nur für den Honig da sind, sondern auch für die Aufzucht der Larven. In jeder Zelle wächst eine Larve heran. Eine Larve kann in erster Näherung von oben gesehen als kreisförmig aufgefasst werden. Unter den möglichen Wabenformen ist das Sechseck die »rundeste«, also haben in diesen die Larven am besten Platz.

Binomische Formel

Binomische Formel ... das ist doch das mit dem $a^2 + b^2$...?

Etwas genauer wollen wir es schon wissen. Die binomische Formel hat zwei Seiten. Auf der einen Seite steht $(a+b)^2$, und dieser Term bedeutet: Addiere zuerst die Zahlen a und b und quadriere dann das Ergebnis. Auf der anderen Seite steht $a^2 + 2ab + b^2$. Das muss man so lesen, dass man zuerst a^2, 2ab und b^2 ausrechnen und dann diese drei Zahlen addieren soll.

Die binomische Formel sagt, dass in beiden Fällen das gleiche Ergebnis herauskommt, dass also die linke Seite gleich der rechten ist. In mathematischer Kurzform schreibt man das so:

$$(a+b)^2 = a^2 + 2ab + b^2$$

Die Formel heißt binomisch, weil dort ein »Binom« (bi = zwei), nämlich a + b, behandelt wird. Die Formel beschreibt, was herauskommt, wenn man dieses Binom quadriert.

Abgesehen vom Satz des Pythagoras gibt es wohl kaum etwas, was so stark mit der Schulmathematik verbunden ist wie diese Formel. Und ganz besonders scheint der Ausdruck »plus 2ab« als Schikane der Mathelehrer empfunden zu werden. Viele Schülerinnen und Schüler fragen sich, warum die Formel nicht viel einfacher $(a+b)^2 = a^2 + b^2$ lautet? Warum muss dieses dumme »plus 2ab« noch dazu?

Die Antwort ist einfach: weil es sonst nicht stimmt! In der Mathematik stellt man nicht Formeln auf, die schön aussehen oder einfach zu merken sind, sondern Formeln, die richtig sind. Bei denen die rechte Seite gleich der linken Seite ist.

Die binomische Formel hat viele Anwendungen. Beispiel: Wir wollen 21^2 ausrechnen. Dazu schreiben wir $21^2 = (20+1)^2$, und schon haben wir eine linke Seite der binomischen Formel! Die entsprechende rechte Seite ist $20^2 + 2 \cdot 20 \cdot 1 + 1^2$, und das kann jeder leicht ausrechnen; es ergibt sich $400 + 40 + 1 = 441$. Die binomische Formel sagt, dass dies die Zahl 21^2 ist.

Die folgende Zeichnung macht klar, warum die Formel richtig ist: Das große Quadrat hat die Seitenlänge a + b, also den Flächeninhalt $(a+b)^2$. In ihm befinden sich ein Quadrat der Seitenlänge a (Flächeninhalt a^2) und eines der Seitenlänge b (Flächeninhalt b^2). Diese füllen das große Quadrat noch nicht aus (sonst wäre $(a+b)^2 = a^2 + b^2$), sondern es kommen noch die beiden Rechtecke hinzu. Beide haben eine Seite der Länge a und eine der Länge b, also den Flächeninhalt ab. Da es zwei gibt, haben sie zusammen den Flächeninhalt 2ab. Damit ergibt sich:

$$(a+b)^2 = a^2 + b^2 + 2ab$$

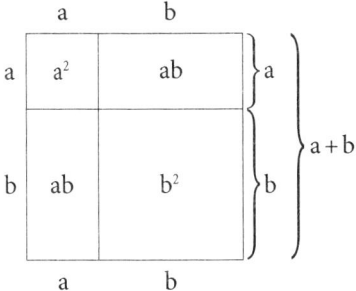

Bit

»Sie liebt mich, sie liebt mich nicht, sie liebt mich, sie liebt mich nicht ...« Das ist eine entscheidende Frage. Und die meisten solcher Fragen des Lebens können mit einem einzigen Bit beantwortet werden: Ja oder Nein, 0 oder 1, gerade oder ungerade, plus oder minus, Sein oder Nichtsein, Daumen rauf oder Daumen runter.

Die Eigenschaften dieser Zweiheiten, auch ihre mathematischen Eigenschaften, sind schon lange erforscht worden.

Den Anfang machten, wie so oft, die Pythagoräer ca. 500 v. Chr. Diese untersuchten Zahlen. Noch mehr: Sie untersuchten Eigenschaften von Zahlen. Und noch viel besser: Sie untersuchten die Beziehungen zwischen diesen Eigenschaften. Zum Beispiel definierten sie gerade und ungerade: Eine Zahl ist gerade, wenn sie durch 2 ohne Rest teilbar ist, andernfalls ungerade. Und sie entdeckten Eigenschaften von gerade und ungerade:
- Wenn man zu einer geraden Zahl 1 addiert, ergibt sich eine ungerade Zahl.
- Wenn man zu einer ungeraden Zahl 1 addiert, ergibt sich eine gerade Zahl.
- Gerade plus gerade ist gerade.
- Gerade plus ungerade ist ungerade.
- Ungerade plus ungerade ist gerade.

Wenn man »gerade« durch die Zahl 0 und »ungerade« durch 1 abkürzt, dann lauten die drei letzten Beziehungen

$$0 + 0 = 0,\ 0 + 1 = 1$$

und, gar nicht mehr überraschend: $1 + 1 = 0$.

Der eigentliche Erfinder der Bits (»binary digits«, »Ziffern für das Binärsystem«) ist jedoch Gottfried Wilhelm Leibniz (1646–1716). Er erkannte, dass man mit Bits nicht nur zwei Zustände beschreiben kann, sondern dass man alle Zahlen darstellen kann, indem man nur die Ziffern 0 und 1 benutzt. Die Reihe der natürlichen Zahlen beginnt so: 0, 1, 10, 11, 100, 101, 110, 111, 1000, 1001, 1010, ... Warum? Betrachten wir zum Beispiel die Binärzahl 1101. Diese ist gleich

$$1 \cdot 2^3 + 1 \cdot 2^2 + 0 \cdot 2^1 + 1 \cdot 2^0$$
$$= 1 \cdot 8 + 1 \cdot 4 + 0 \cdot 2 + 1 \cdot 1 = 13.$$

Für Leibniz war das Binärsystem eine göttliche Offenbarung, »weil die leere Tiefe und Finsternis zu Null und Nichts, aber der Geist Gottes mit seinem Lichte zum Allmächtigen zu Eins gehört«. Gott hat die Welt in sieben Tagen geschaffen, in der binären Schreibweise als 111 dargestellt: drei göttliche Einsen ohne eine teuflische Null!

Etwas nüchterner und mathematisch wichtiger erkannte Leibniz: »Das Addieren von Zahlen ist bei dieser Methode so leicht, dass diese nicht schneller diktiert als addiert werden können.«

Codes

Die Welt ist voller Codes, sie begleiten uns täglich, sie sind so selbstverständlich, dass wir sie in der Regel nicht wahrnehmen.

Es gibt Codes, die zur Identifizierung dienen. Dazu gehören die Nummer auf Ihrem Personalausweis, Ihre Steuernummer, aber auch Ihre PIN, mit der Sie sich am Automaten mit dem nötigen Kleingeld versehen können.

Der Strichcode auf den Lebensmitteln und die Buchnummer (ISBN) sind auch Codes in diesem Sinne, haben aber eine zusätzliche Funktion. Sie schützen gegen Fehler. Klar: Beim Einlesen, sei es maschinell oder von Hand, können Fehler passieren. Wie schnell ist eine Ziffer an Stelle einer anderen gelesen, wie schnell sind zwei Ziffern vertauscht? Deshalb haben diese Codes noch eine Prüfziffer bzw. ein Prüfsymbol. Mit Hilfe der letzten Ziffer kann man erkennen, ob ein Fehler beim Einlesen oder bei der Übertragung passiert ist. In diesem Fall muss die Nachricht wiederholt werden; an der Kasse wird die Ware noch einmal gescannt.

In manchen Situationen kann man die Originalnachricht nicht mehr ohne Weiteres bereitstellen. Denken Sie zum Beispiel an eine CD: Wenn diese einen Kratzer aufweist, dann sind die entsprechenden Daten zerstört. Daher hat man bei CDs eine höhere Art von Codes eingesetzt: solche, die Fehler nicht nur erkennen, sondern sogar korrigieren. Dies ist der Grund, weshalb die CD, auch wenn sie leicht angekratzt ist, haargenau dieselbe Musik liefert wie im Originalzustand.

Auch die Signale aus der Fernbedienung oder der Wegfahrsperre von Kraftfahrzeugen (elektronischer Autoschlüssel) sind Codes. Allerdings sind die Anforderungen an die Codes einer Wegfahrsperre anderer Art: Mit meinem Schlüssel darf sich nur mein Auto öffnen lassen, und wenn jemand das Signal abgefangen hat, darf er anschließend damit nichts anfangen können. Solche Codes verwenden geheime Schlüssel, und damit sind wir bei der letzten Art von Codes, den kryptographischen Codes.

Bei Ihrem Handy gibt es sowohl einen Code, der Sie schützt, als auch einen, der den Netzbetreiber schützt. Sie werden dadurch geschützt, dass Ihr Gespräch nur verschlüsselt übertragen wird – jedenfalls zwischen Ihrem Handy und der ersten Basisstation des Netzes. Der Netzbetreiber erhält seine Sicherheit durch einen Authentifikationscode, der ihm nachweist, dass wirklich Sie mit Ihrem Handy telefoniert haben und nicht jemand anders.

All diese Codes basieren in entscheidender Weise auf Mathematik!

Diagonale des Quadrats

Es gibt fast nichts Einfacheres. Wenn man ein Quadrat über Eck zusammenfaltet, hat man die Diagonale durch Falten konstruiert. Eine Diagonale zu zeichnen, ist noch einfacher: Man muss einfach zwei gegenüberliegende Ecken verbinden.

Das soll aufregend sein? Ja, dies beschäftigt die Gemüter der Mathematiker, Didaktiker und Psychologen bis heute. Was daran liegt, dass die berühmteste Mathematikstunde der Welt die Diagonale eines Quadrats behandelt.

In seinem Dialog »Menon« lässt der Philosoph Platon (428-348 v. Chr.) als Lehrer den berühmten Sokrates und den Sklaven Menon als Schüler auftreten. Es wird angenommen, dass Menon nichts weiß, sondern nur gesunden Menschenverstand besitzt. Sokrates bringt dem unverbildeten Menon bei, dass die Diagonale eines Quadrats der Seitenlänge 1 eine irrationale Länge hat, da nach dem Satz des Pythagoras die Länge der Diagonale gleich $\sqrt{2}$ ist. Er zeigt ihm also, dass Wurzel 2 eine irrationale Zahl ist. Dies geschieht durch einen Widerspruchsbeweis, der mit Methoden der Teilbarkeitslehre geführt wird.

Er bringt ihm bei? Er zeigt ihm? Nein, im Gegenteil: Er holt diese Erkenntnisse durch geschicktes Fragen aus dem Sklaven heraus!

Diese Szene des Dialogs dient Platon nämlich als Untermauerung seiner These, dass das gesamte Wissen im Grunde in jedem Menschen schon steckt und dass es beim Lernen nur darum geht, dieses Wissen hervorzuholen, bewusst zu machen, genauer gesagt: den Schüler an das, was er eigentlich schon weiß, zu erinnern. Platon spricht in diesem Zusammenhang von »Hebammenkunst«. Er ist der Ansicht, dass ein Lehrer das Wissen nicht für den Schüler produziert, sondern es aus ihm herausholt – so wie eine Hebamme das Kind auch nicht macht, sondern nur bei seiner Geburt hilft.

Natürlich gab es auch Kritik an dieser Ansicht: Wenn diese Art von Unterricht funktionieren soll, müssten die Fragen so suggestiv sein, dass die Schüler richtig antworten müssen! Und wenn dies so ist, dann würde das gar nichts beweisen!

Ich finde aber: Eine immer noch verführerische These und ein ernstzunehmender Ansatz für das Lehren und Lernen (nicht nur) von Mathematik.

Dimension

»Können Sie sich den vierdimensionalen Raum vorstellen?«
ist eine Frage, die Mathematikern mitunter gestellt wird.
Ich bezweifle, dass diese das im Sinne des Fragestellers
können. Aber Mathematiker können mit dem vierdimensionalen, dem fünfdimensionalen, ja sogar mit dem n-dimensionalen Raum umgehen. Dazu machen sie sich die Sache
erst einmal einfach.

Der Raum, in dem wir leben, ist dreidimensional. Eine
Ebene hat die Dimension 2, eine Gerade ist etwas Eindimensionales. Was bedeutet das eigentlich?

Im Raum gibt es drei unabhängige Richtungen: eine
beschreibt, wie weit ein Punkt links oder rechts von mir ist,
die andere beschreibt vorne und hinten, die dritte Richtung
oben und unten. In einer waagrechten Ebene kann man
alles durch die Richtungen vorne-hinten und links-rechts
beschreiben. Und um einen Punkt auf einer Geraden zu
lokalisieren, braucht man nur zu sagen, wie weit links oder
rechts er sich befindet.

Man kann das auch so ausdrücken: Um einen Punkt im
Raum zu beschreiben, braucht man 3 Zahlen, die sogenannten *Koordinaten*. Zum Beispiel legen die Koordinaten (-5, 3,
10) einen Punkt dadurch fest, dass gesagt wird, er befindet
sich 5 Einheiten links von mir, 3 Einheiten vor mir und 10
Einheiten über mir. Formal würde man das schreiben als
$x = -5, y = 3, z = 10$.

Entsprechend braucht man in der Ebene nur zwei Koordinaten (x und y) und für die Geraden nur eine Zahl; man
spricht ja auch von der Zahlengerade.

Wenn man das so sieht, ist es keine Kunst mehr, einen vierdimensionalen Raum einzuführen: Man sagt einfach, die Punkte sind durch 4 Zahlen bestimmt. Entsprechend braucht man für die Punkte des n-dimensionalen Raums n Koordinaten.

Etwas, was man sich nicht vorstellen kann, sich auch nicht vorstellen zu können braucht, in dem man aber skrupellos rechnen kann. Man kann Geraden, Ebenen, ja sogar Hyperebenen definieren – und für viele Anwendungen ist die Beschreibung des Problems in einem n-dimensionalen Raum der Schlüssel zur Lösung!

Kann man sich den vierdimensionalen Raum »wirklich« vorstellen? Ich weiß es nicht (und kann es auch nicht) – aber bereits unser dreidimensionaler Raum ist ganz schön kompliziert!

Divide et Impera!
Oder: Was bekomme ich
mit 10 Fragen raus?

Mein Sohn zeigt mir einen Stapel mit 32 Spielkarten. Ich soll die Herzdame finden, und zwar, indem ich Ja-Nein-Fragen stelle. Wie oft muss ich fragen, bis ich weiß, wo die Herzkönigin steckt?

Ich könnte fragen: Ist es die oberste? Wenn ja, habe ich Glück gehabt. Wenn nein, muss ich weiterfragen: Ist es die zweitoberste? Und so weiter.

Natürlich werde ich kein Glück haben. Im schlimmsten Fall brauche ich 31 Fragen (wenn die gesuchte Karte ganz unten liegt), im Durchschnitt immerhin 16 Fragen.

Es geht besser. Viel besser. Ich frage zunächst: Befindet sich die Karte in der oberen Hälfte? Egal, wie die Antwort ausfällt, ich habe das Problem erheblich reduziert, nämlich auf die Hälfte. Nicht auf 31 Karten wie vorher, sondern auf 16. Und es ist klar, wie ich weiterfragen muss: Wenn die Antwort ja war, frage ich: Ist die gesuchte Karte unter den obersten acht Karten oder unter den acht Karten unmittelbar darunter? Mit dieser Frage habe ich das Problem also auf 8 Karten reduziert.

Und so fort. Nach der dritten Frage kommen nur noch 4 Karten in Frage, nach der vierten nur noch 2, und mit der fünften Frage habe ich die Herzdame lokalisiert.

Tatsächlich bekomme ich erst mit der fünften Frage die Antwort, während man beim ersten Verfahren mit viel Glück schon bei den ersten Fragen erfolgreich sein kann. Allerdings hat man im Normalfall nicht so viel Glück, und deshalb ist das beschriebene Verfahren, ein »Suchalgorithmus«, viel, viel besser.

Unter wie vielen Karten kann ich mit 10 Fragen die Herzkönigin bestimmen? Da man mit jeder Frage die Anzahl der Möglichkeiten halbiert, kann man mit zehn Fragen eine Karte unter 1024 herauspicken.

Und wie viele Ja-Nein-Fragen braucht man, um unter den 6 Milliarden Menschen einen bestimmten herauszufinden? 33 Fragen reichen! Denn 2^{33} = 8 589 934 592. Natürlich nicht irgendwelche Fragen, sondern solche, die jeweils die Anzahl der Möglichkeiten halbieren.

Man kann diese Ergebnisse auch anders ausdrücken. Mit nur 5 Bits kann man jede von 32 Karten individuell bezeichnen. Und mit lächerlichen 33 Bits kann man alle Menschen der Erde individuell erfassen. Ob man das will oder besser nicht wollen sollte, ist eine andere Frage. Aber *wenn* man wollte, könnte man.

Einmaleins

Warum müssen wir das Einmaleins in der Schule auswendig lernen? Warum werden jährlich Zigtausende von Schülerinnen und Schülern damit gequält? Ist das eine reine Disziplinierungsmaßnahme – oder hat es einen mathematischen Grund?

Betrachten wir einmal, wie wir multiplizieren. Dabei ist es egal, ob ein Mensch diese Rechnung durchführen muss oder ob er das einen Computer machen lässt. Beide führen im Grunde die gleichen Operationen durch. Wir schauen uns die Aufgabe $328 \cdot 427$ an.

$$
\begin{array}{r}
328 \cdot 427 \\
\hline
1312 \\
656 \\
2296 \\
\hline
140056
\end{array}
$$

Sieht schwer aus, ist aber grundsätzlich leicht. Warum? – Ganz einfach: Mit dem Verfahren für die Multiplikation, das wir aus der Schule kennen, kann man große Zahlen, ja sogar beliebig große Zahlen multiplizieren – und zwar dadurch, dass man nur die einzelnen Ziffern multipliziert.

Klar: Die erste Zeile unter dem Strich ist $328 \cdot 4$, und diese Zahl haben wir erhalten, indem wir der Reihe nach – von rechts nach links – die Produkte $8 \cdot 4$, $2 \cdot 4$, $3 \cdot 4$ ausgerechnet haben. Natürlich müssen wir beim Übertrag aufpassen (»schreibe 2, merke 3«), aber das Entscheidende ist: Wir multiplizieren nur Ziffern.

So berechnen wir die drei Zeilen und addieren dann die erhaltenen Zwischenergebnisse.

Mit anderen Worten: Dieses Verfahren ermöglicht es, beliebig große Zahlen zu multiplizieren – und dazu reicht das kleine Einmaleins, von 1 × 1 bis 9 × 9.

Genial, wie unser Zahlensystem optimal darauf abgestimmt ist, Zahlen nicht nur aufschreiben, sondern mit ihnen auch rechnen zu können. Stellen Sie sich vor, wie man obige Rechnung mit römischen Zahlen durchführen würde.

In Zukunft sollten Sie jede Multiplikation genießen!

Fermats letzter Satz

Der Satz des Pythagoras sagt $a^2 + b^2 = c^2$, falls a, b, c die Längen der Seiten eines rechtwinkligen Dreiecks sind, wobei c die Länge der Hypotenuse, also der längsten Seite ist.

Besonderes Interesse haben diejenigen rechtwinkligen Dreiecke gefunden, deren Seiten ganzzahlige Seitenlängen haben. Zum Beispiel 3, 4, 5 oder 5, 12, 13. Solche Dreiheiten von Zahlen heißen *pythagoräische Zahlentripel*. Diese sind vollständig erforscht. Es gibt unendlich viele von ihnen, man kann alle systematisch angeben, es gibt kein Problem.

Ein Problem tritt jedoch dann auf – und für Mathematiker bedeutet ein Problem immer, dass es interessant wird – wenn man die Exponenten erhöht und dann nach ganzzahligen Lösungen fragt. Zum Beispiel: Gibt es ganze Zahlen a, b, c, so dass $a^3 + b^3 = c^3$ bzw. $a^4 + b^4 = c^4$ oder gar $a^{2001} + b^{2001} = c^{2001}$ gilt?

Natürlich gibt es solche Zahlen: Etwa a = 0, b = 0, c = 0 oder a = 0 und b = c. Aber Sie würden diese Lösungen zu Recht als unfair bezeichnen. Die Frage ist also: Gibt es *positive* Zahlen a, b, c mit den obigen Eigenschaften?

Dieses Problem hat der Jurist Pierre de Fermat (1601–1665) gestellt und – vielleicht – gelöst. Fermat trieb in seiner Freizeit Mathematik, indem er sich Werke der Klassiker zu eigen machte. Bei der Lektüre von Diophant (um 250) stieß er auf die oben angesprochene Behandlung der pythagoräischen Zahlentripel. Dabei kam ihm die Idee der Verallgemeinerung auf beliebige Exponenten. Er war überzeugt, dass es für Exponenten größer als 2 keine Lösung gibt: »Ich habe hierfür einen wahrhaft wunderbaren Beweis, doch ist dieser Rand zu schmal, um ihn zu fassen«, notierte er begeistert und – provozierend.

Seit dieser Zeit hat das Problem die Mathematiker in den Bann gezogen. Viele träumten mindestens einmal im Leben davon, die einfache Lösung wiederzufinden oder wenigstens irgendeine Lösung zu erhalten. Es gab Lösungen für gewisse Exponenten (z.B. 3 und 4), große Teile der Mathematik, insbesondere der Zahlentheorie wurden letztlich zur Lösung dieses Problems entwickelt, der mit 100 000 Goldmark hoch dotierte Wolfskehl-Preis wurde 1908 für eine Lösung ausgesetzt. Alles vergeblich – bis im Herbst 1994 die Bombe platzte: Andrew Wiles, ein in Princeton lehrender englischer Mathematiker, hielt nach siebenjähriger einsamer Forschung eine Vortragsreihe in Cambridge, an deren Ende er die Lösung des Fermatschen Problems ankündigte. Die Lösung war unglaublich kompliziert. Sie ist weit entfernt von der Einfachheit, von der Fermat träumte.

Ob Fermat damals wirklich eine Lösung hatte, wird heute von vielen bezweifelt.

Fünfeck

»Das Pentagramma macht mir Pein!«, klagt Mephisto im Faust und macht damit auf die besondere Rolle des regulären Fünfecks aufmerksam, das sogar ihn in Bann hält.

Das Fünfeck ist eine der wichtigsten geometrischen Formen. Auch außerhalb der Mathematik spielt es, aufgrund seiner komplexen Ästhetik, eine wichtige Rolle.

Dass das Fünfeck mathematisch aus der Reihe von Dreieck, Quadrat und Sechseck herausfällt, kann man schon daran erkennen, dass es schwierig zu zeichnen ist: Freihändig ein gutes Fünfeck zu zeichnen, erfordert viel Übung. Und die Konstruktion mit Zirkel und Lineal ist zwar möglich, aber ungleich schwieriger als die eines Quadrats oder Sechsecks.

Wenn man die Diagonalen in ein Fünfeck einzeichnet, sieht man, dass diese einen Fünfstern, ein »Pentagramm«, bilden. Die Diagonalen des regulären Fünfecks schneiden sich im Goldenen Schnitt, der sich auch als Verhältnis von Seitenlänge und Länge einer Diagonalen zeigt.

Im Innern des Pentagramms erkennt man wieder ein kleines reguläres Fünfeck. Man kann die Konstruktion fortsetzen und erhält immer kleinere Fünfecke und Fünfsterne.

In Form des Drudenfußes taucht das Pentagramm in der Volkskultur auf. Im Faust wird es explizit erwähnt: Mephisto kann Fausts Studierstube nicht verlassen, da auf der Schwelle ein Pentagramm aufgemalt ist.

In der Natur kommen fünfzählige Symmetrien erstaunlich häufig vor. Bei der Sternfrucht ist es überdeutlich. Aber auch wenn Sie einen Apfel quer durchschneiden, sehen Sie, dass die Kerne in Form eines Fünfecks angeordnet sind.

Ein herausragendes Beispiel für die Verwendung des Fünfecks ist das amerikanische Verteidigungsministerium, das nicht umsonst Pentagon heißt: Es hat als Grundriss ein reguläres Fünfeck. Ansonsten sieht man das Fünfeck, oft auch in Form eines Pentagramms, häufig als dekoratives Element: Weihnachtssterne sind in der Regel Pentagramme, das Logo der Chrysler-Autos ist ein Fünfeck, und viele Flaggen, insbesondere islamischer Staaten, haben ein oder mehrere Pentagramme als Erkennungsmerkmal.

Fußball

»Der Ball ist rund!«, soll Altbundestrainer Sepp Herberger gesagt haben, und der Satz ist mittlerweile sprichwörtlich geworden.

Aber er ist falsch. Der Fußball ist keine perfekte Kugel. Er ist aus einzelnen Teilen zusammengesetzt, und man kann die Nähte deutlich spüren. Wenn der Ball prall aufgepumpt ist, wölben sich die einzelnen Teile nach außen, und es entsteht ein Ding ohne Ecken und Kanten, das gleichmäßig über den Rasen rollt.

Aus welcher Sorte von Teilen besteht ein Fußball? Zuerst denkt man unwillkürlich an Sechsecke, vielleicht weil wir uns diese gut vorstellen können.

Aber Sechsecke allein ergeben keinen Ball. Drei regelmäßige Sechsecke passen perfekt aneinander und bilden eine ebene Fläche. So wie bei Bienenwaben.

Man muss noch kleinere Vielecke hinzunehmen, um etwas Dreidimensionales zu bekommen, zum Beispiel Fünfecke. Beim Fußball macht man das so, dass an jeder Ecke zwei Sechsecke und ein Fünfeck aneinanderstoßen. Wenn man dies überall macht, erhält man ein erstaunlich rundes Gebilde, eben den Fußball: das Rundeste, was aus Fünfecken und Sechsecken entstehen kann.

Wenn man nachzählt (tun Sie das!), dann sieht man, dass der Fußball aus genau 12 Fünfecken und 20 Sechsecken besteht.

Man nennt die Körper, die aus regelmäßigen Vielecken bestehen und so gleichmäßig wie möglich zusammengesetzt sind, *archimedische* Körper, wenn mindestens zwei Sorten von regelmäßigen Vielecken vorkommen. Bei nur einer Sorte erhält man die *platonischen* Körper.

Die Geschichte ist noch nicht zu Ende, denn der Fußball spielt auch außerhalb des Sports und der Mathematik eine Rolle, und zwar eine spektakuläre!

Im Jahre 1985 entdeckten die Chemiker Harold W. Kroto von der University of Sussex (England) sowie Robert F. Curl und Rick E. Smalley von der Rice University in Texas bei der Laserverdampfung von Graphit eine stabile Kohlenstoffverbindung C_{60}. Dieses Riesenmolekül besteht aus 60 Kohlenstoffatomen, die so angeordnet sind, dass sie – die 60 Ecken eines winzigen molekularen Fußballs bilden. Diese Entdeckung wurde 1996 mit dem Nobelpreis für Chemie belohnt.

Das C_{60}-Molekül gehört zu den *Fullerenen*. Sie wurden nach dem Architekten Buckminster Fuller benannt, der viele Gebäude mit spektakulärer Kuppelform konstruiert hat, etwa den Pavillon der USA auf der Weltausstellung 1967 in Montreal. Weil für die Entdecker die Erinnerung an die Fullerschen Kuppelbauten der zündende Funke war, nannten sie »ihre« Kohlenstoffmoleküle Fullerene.

Der kleine Gauß

Carl Friedrich Gauß (1777 –1855) war einer der größten Mathematiker aller Zeiten, vielleicht sogar der größte. Die folgende Anekdote zeigt, dass sein enormes Talent schon in der Grundschule offenbar wurde. Um die Schüler zu beschäftigen, hatte der Lehrer den Schülern die Aufgabe gestellt, die Zahlen von 1 bis 100 aufzusummieren.

Statt nun, wie ganz selbstverständlich für jeden Schüler dieser Altersklasse, der Reihe nach zu rechnen: $1 + 2 = 3$, $3 + 3 = 6$, $6 + 4 = 10$, $10 + 5 = 15$ und so fort, fiel dem jungen Gauß auf, dass man in der Summe $1 + 2 + 3 + \ldots + 97 + 98 + 99 + 100$ jeweils aus zwei Zahlen am Anfang und am Ende die Zahl 101 bilden kann:

$$1 + 100 = 101,\ 2 + 99 = 101 \text{ usw.}$$

Es gibt 50 solche Paare. Es bleibt also nur eine einfache Multiplikation zu erledigen: $101 \cdot 50 = 5050$. Kein Wunder, dass Gauß nur eine einzige Zahl auf die Tafel zu schreiben brauchte und die Lösung im Handumdrehen hatte!

Im Allgemeinen funktioniert dieser Trick wie folgt:

$$\begin{aligned}
& 1\ +\ 2\ +\ldots+\ n-1\ +\ n \\
+\ & n\ +\ n-1\ +\ldots+\ 2\ +\ 1 \\
\hline
=\ & (n+1)+(n+1)+\ldots+(n+1)+(n+1) \\
=\ & n(n+1)
\end{aligned}$$

Daraus ergibt sich die Tatsache, dass die Summe der ersten n positiven ganzen Zahlen gleich $n(n+1)/2$ ist. Als Gleichung lautet diese Erkenntnis:

$$1 + 2 + 3 + \ldots + n = n(n+1)/2$$

Geburtstagsparadox

Stellen wir uns vor, dass sich in einem Raum eine gewisse Anzahl von Personen befindet. Wir interessieren uns dafür, ob zwei am gleichen Tag Geburtstag haben.

Wie viele Personen müssen vorhanden sein, damit *garantiert* zwei am gleichen Tag Geburtstag haben? Das ist eine einfache Frage: Da das Jahr 365 Tage hat, haben von 366 Personen bestimmt zwei am gleichen Tag Geburtstag. (Wir gehen dabei nicht auf die Schaltjahre ein.)

Eine wesentlich interessantere Frage ist: Wie viele Personen müssen vorhanden sein, damit es *wahrscheinlich* ist, dass zwei am gleichen Tag Geburtstag haben? Mit anderen Worten: Wie viele Personen braucht man, dass mit einer Wahrscheinlichkeit von über 50% zwei am gleichen Tag Geburtstag haben? Die Antwort ist überraschend: Bereits 23 Personen reichen aus, um die Wahrscheinlichkeit für einen gleichen Geburtstag auf über 50% zu bringen.

Achtung: Es ist weder danach gefragt, dass zwei am 1. Januar Geburtstag haben oder dass jemand am gleichen Tag wie Sie Geburtstag hat, sondern danach, ob zwei Leute am 1. Januar oder am 2. Januar oder ... Geburtstag haben.

Wie kann man das einsehen? Wir überlegen uns dazu, wie wahrscheinlich es ist, dass 23 Personen alle an verschiedenen Tagen Geburtstag haben. Die erste Person hat an irgendeinem Tag Geburtstag. Wenn die zweite Person an einem anderen Tag Geburtstag haben soll, hat sie nur noch 364 Möglichkeiten. Also ist die Wahrscheinlichkeit, dass sie an einem anderen Tag als die erste Person Geburtstag hat, gleich 364/365. Entsprechend ist die Wahrscheinlichkeit, dass auch die dritte Person nicht am gleichen Tag wie die erste oder zweite Person ihren Geburtstag feiert, nur 363/365. Und so weiter. Für die 23. Person ergibt sich eine Wahrscheinlichkeit von nur noch 343/365. Insgesamt ist die Wahrscheinlichkeit dafür, dass alle 23 Personen an verschiedenen Tagen Geburtstag haben, gleich $364/365 \cdot 363/365 \cdot \ldots \cdot 343/365$. Wenn man dieses Produkt ausrechnet, erhält man eine Zahl, die kleiner als 1/2 ist. Also haben mit einer Wahrscheinlichkeit von über 50% zwei der 23 Personen am gleichen Tag Geburtstag!

Übrigens: Bei 60 Personen ist die Wahrscheinlichkeit, dass zwei am gleichen Tag Geburtstag haben, bereits unglaubliche 99,41%.

Noch überraschender: Unter 200 Personen gibt es mit einer Wahrscheinlichkeit von über 50% zwei, die nicht nur am gleichen Tag, sondern auch im gleichen Jahr Geburtstag haben.

Gleichungen

Gleichungen haben zwei Seiten, und die Frage ist, ob beide Seiten den gleichen Wert haben. In der Regel enthält eine Gleichung eine oder mehrere Unbekannte (Variable), und die Frage lautet dann: Welche Zahlen kann man für die Variable(n) einsetzen, damit die linke Seite gleich der rechten Seite wird? Man nennt solche Zahlen *Lösungen* der Gleichung.

Gleichungen mit einer Variablen haben in der Mathematik schon immer eine große Rolle gespielt: Die linearen Gleichungen, etwa $3x + 7 = 13$, wurden schon in der Antike gelöst. Dasselbe gilt auch für die quadratischen Gleichungen, zum Beispiel $x^2 - x - 1 = 0$. Die nach François Vieta (1540–1603) benannte Lösungsformel war schon vor 2000 Jahren bekannt.

Gleichungen dritten Grades, die sogenannten kubischen Gleichungen, wie zum Beispiel $x^3 - 3x^2 + 7x - 1 = 0$ sind viel schwieriger zu lösen, insbesondere weil man sich dabei nicht mehr darum drücken kann, komplexe Zahlen zu Hilfe zu nehmen. Um 1500 haben zunächst Scipione del Ferro (1465–1526), dann Niccolò Tartaglia (1499–1557) Lösungsformeln gefunden, die heute Cardanosche Formeln heißen.

Man könnte denken, dass das so weitergeht: Die Gleichungen höheren Grades sind auch lösbar, aber die Formeln werden immer schwieriger. Diese Vorstellung ist aber falsch! Zwar kann man Gleichungen vierten Grades noch lösen, aber nur noch gerade so. Bei Gleichungen fünften Grades ist die Schallgrenze erreicht. Es gibt keine Lösungsformel für Gleichungen fünften Grades. Keine Formel, in die man nur die Koeffizienten der Gleichung einsetzen muss und dann Wurzeln ziehen, addieren und multiplizieren ... - und dann kommen die Lösungen raus. So etwas gibt es nicht. Und für Gleichungen höheren Grades schon gar nicht.

Dies ist die Erkenntnis zweier jung verstorbener Mathematiker, die zu Beginn des 19. Jahrhunderts lebten, des Norwegers Nils Henrik Abel (1802-1829) und des Franzosen Évariste Galois (1811-1832). Abel zeigte mit Hilfe algebraischer Methoden, dass die »allgemeine Gleichung« fünften und höheren Grades nicht lösbar ist.

Galois ist noch einen Schritt weitergekommen, indem er zeigte, dass auch manche Gleichungen mit explizit gegebenen Koeffizienten nicht lösbar sind. Zum Beispiel sind so einfache Gleichungen wie $x^5 - x - 1 = 0$ oder $x^5 - 4x + 2 = 0$ nicht lösbar.

Noch mal: Dies bedeutet nicht, dass diese Gleichungen überhaupt keine Lösungen haben, sondern, dass man die Lösungen nicht durch eine Formel, in der die Grundrechenarten und Wurzeln (Quadratwurzeln, dritte Wurzeln usw.) vorkommen, berechnen kann. Man sagt deshalb auch vorsichtiger, eine solche Gleichung sei nicht durch »Radikale«, d.h. durch Wurzeln lösbar.

Gödel oder:
Kein Computer kann alles!

Ein großes Ziel der Mathematik war es stets, vollständige Theorien zu entwickeln. Etwa eine Theorie der Zahlen oder eine der Geometrie. Die Vorstellung war, dass jeder in dieser Theorie formulierbare Satz bewiesen oder widerlegt werden kann. Letztlich, so die Vorstellung, muss man nur die Axiome geeignet wählen, damit jede Behauptung entweder rigoros bewiesen werden oder durch ein Gegenbeispiel ad absurdum geführt werden könne.

Der letzte Protagonist dieses Wissenschaftsprogramms war David Hilbert (1862–1943). Hilbert war der führende Mathematiker seiner Zeit. Sein Programm war unumstritten, es ging höchstens um Details, etwa, welche Beweismittel man verwenden dürfe.

Das ging so lange gut, bis Kurt Gödel (1906–1978) im Jahre 1931 seine Arbeit »Über formal unentscheidbare Sätze der Principia Mathematica und verwandter Systeme« veröffentlichte, die den Traum der vollständigen Theorien mit einem Schlag zerstörte. Gödel bewies nämlich, dass man in jeder Theorie Aussagen formulieren kann, die innerhalb der Theorie weder bewiesen noch widerlegt werden können. Das heißt, dass im Allgemeinen »wahr« und »beweisbar« nicht das Gleiche bedeuten: Es gibt wahre Aussagen, die nicht beweisbar sind. (Die wahren Aussagen dieser Theorie können in einer umfassenderen Theorie bewiesen werden – aber auch in dieser Theorie gibt es wieder Sätze, die man weder beweisen noch widerlegen kann. Und so weiter.)

Dies war ein Schock. Das natürliche Ziel, das man mit einer Theorie erreichen möchte, nämlich, nachweisen zu können, welche Aussagen gelten und welche nicht, dieses Ziel ist nicht erreichbar. Und das liegt nicht daran, dass wir zu beschränkt sind, sondern es liegt in der Natur der Sache.

Man kann dies aber auch anders ausdrücken: Stellen wir uns einen riesigen Supercomputer vor. Einen Computer, den wir mit dem gesamten Wissen der Menschheit und allen Methoden gefüttert haben. Dieser Computer besäße also insbesondere alle mathematischen Fakten, alle Beweismethoden, er kennt die Zahlen und die Geometrie, alles. Dieser Computer bleibt bei seinem Wissen nicht stehen, er kann aus dem bereits vorhandenen Wissen und den ihm bekannten Methoden weiteres Wissen erschließen. Und dieses kann er wieder benutzen, um daraus neue Erkenntnisse zu erhalten. Und so weiter?

Eine Horrorvorstellung? Vielleicht. Aber eines ist sicher: Auch ein solcher Computer wird nie alles wissen. Denn der Satz von Gödel besagt, dass es Aussagen gibt, die dieser Computer zwar aufstellen kann, von denen er aber weder die Gültigkeit noch die Ungültigkeit nachweisen kann.

Goldener Schnitt

Angenommen, Sie sind 1,80 m groß. In welcher Höhe befindet sich Ihr Bauchnabel? Ganz einfach: Manche Wissenschaftler glauben, dass der Mensch nach dem Goldenen Schnitt aufgebaut sei. Dann teilt Ihr Bauchnabel Ihre Körpergröße im Goldenen Schnitt. Also ... einen Augenblick, das haben wir gleich!

Ein Punkt teilt eine Strecke im Goldenen Schnitt, wenn zwei Verhältnisse gleich sind, nämlich erstens das von Gesamtstrecke zu dem größeren Abschnitt und zweitens das von dem größeren Abschnitt zum kleineren. Der Punkt, der die Strecke im Goldenen Schnitt teilt, liegt bei ungefähr 62 % der Strecke. Tatsächlich ist das Verhältnis 1 : 0,62 ungefähr genauso groß wie 0,62 : 0,38.

Man kann das Verhältnis auch genau bestimmen und erhält dann $(1+\sqrt{5})/2 = 1{,}618\ldots$ Entsprechend liegt der Teilungspunkt bei 61,8 % der Gesamtstrecke.

Der Goldene Schnitt kommt zwar schon bei Euklid vor und hat auch eine große Bedeutung innerhalb der Mathematik (zum Beispiel teilen sich etwa die Diagonalen eines regulären Fünfecks im Goldenen Schnitt), aber richtig populär wurde der Goldene Schnitt erst im 19. und 20. Jahrhundert.

Zum Teil wohl aufgrund der Suggestion seines Namens wurde er damals überall entdeckt. Zunächst in der Kunst: Je schöner und klassischer ein Kunstwerk, desto mehr wurde der Goldene Schnitt darin gesucht – und gefunden. Eines der klassischsten Kunstwerke ist der Parthenon-Tempel auf der Akropolis, und das Verhältnis von Breite zu

Höhe entspricht dem Goldenen Schnitt. Auch in der Cheopspyramide, am Dom von Florenz, bei Dürer und – natürlich – bei der Mona Lisa wurde der Goldene Schnitt entdeckt.

Das Problem ist nur, dass von all den Künstlern (falls wir sie überhaupt kennen) kein Sterbenswörtchen davon überliefert ist, dass sie den Goldenen Schnitt kannten oder gar verwendeten. Das ist anders bei dem französischen Architekten Le Corbusier (1887–1965), der zunächst postulierte, der Mensch sei im Goldenen Schnitt aufgebaut, ferner davon ausging, dass Häuser und Möbel den menschlichen Proportionen entsprechen müssten, und so zu dem Schluss kam, dass auch die Häuser und Möbel im Goldenen Schnitt konstruiert sein sollten.

Wenn man sich auf die Suche nach dem Goldenen Schnitt macht, gibt es bald kein Halten mehr. Wer suchet, der findet: Beim Menschen an allen möglichen und unmöglichen Stellen. Über die Höhe des Bauchnabels haben wir schon gesprochen. Wenn Sie 1,80 m groß sind, müsste Ihr Bauchnabel etwa 1,80 m/1,618, also etwa 1,11 m hoch sein. Messen Sie nach!

Wie lang ist die Küste Großbritanniens?

Diese einfache Frage stellte Benoit Mandelbrot (geb. 1924) und löste damit eine kleine Revolution aus, nämlich die Theorie der Fraktale. Die Frage ist deswegen so provozierend, weil Mandelbrots Antwort unsere Vorstellungen über das Messen über den Haufen wirft. Sie lautet nämlich: Es kommt darauf an! Und zwar darauf, mit welchem Maßstab wir messen.

Stellen wir uns vor, dass wir die Küste mit einer Art Lineal messen: Wir legen das Lineal an, legen es am Endpunkt wieder an, dann wieder und so weiter. Bis wir einmal außen herum sind. Mit einem langen Lineal, etwa einem Lineal von 50 km Länge, werden wir nur grob messen, daher wird sich eine relativ kurze Länge ergeben. Wenn wir mit einem Lineal von 1 km Länge messen, messen wir genauer und erhalten eine größere Länge. Wenn wir mit einem Lineal von 1 m Länge messen, können wir allen Ein- und Ausbuchtungen nachgehen und erhalten eine noch größere Länge. Und so weiter. Das heißt: Je genauer wir messen, desto größer wird die Länge der Küste. Noch schlimmer: Die gemessenen Gesamtlängen bleiben nicht unterhalb einer Grenze, sondern sie werden beliebig groß. Ist die Länge der Küste Großbritanniens also unendlich?

Mandelbrot schlägt eine andere Antwort vor. Er überlegt sich dazu zunächst, was bei dem Messvorgang passieren würde, wenn die Grenze geradlinig wäre, wie zum Beispiel bei einem der geradlinig begrenzten amerikanischen Bundesstaaten Wyoming, Colorado, Utah oder New Mexico. Klar: Dort kann man mit einem langen Lineal keine Unebenheiten übersehen – weil es eben keine gibt. Also kommt bei einem geradlinig begrenzten Land immer die gleiche Länge heraus.

Mandelbrots Antwort besteht darin, dass er sagt: Eine Linie ist etwas Eindimensionales, eine Fläche etwas Zweidimensionales. So etwas wie die Küste Großbritanniens kann nicht die Dimension 1 haben (sonst ergäbe sich immer die gleiche Länge) und auch nicht die Dimension 2, sonst wäre es eine Fläche.

Also, schließt er kühn weiter, muss die Dimension zwischen 1 und 2 liegen. Die Dimension der Küste Großbritanniens ist Eins Komma irgendwas. Ein Bruch, englisch »fraction«. Und damit war nicht nur die Theorie, sondern auch das Wort geboren: fraktale Dimension. Die Grenze von New Mexico hat die Dimension 1. Die Küste Großbritanniens hat eine größere Dimension.

L. F. Richardson hat 1961 tatsächlich die Küste Großbritanniens mit verschieden langen Maßstäben ausgemessen. Dies ermöglichte es ihm, ihre fraktale Dimension zu berechnen. Sie ist (etwa) 1,25.

Halbwertszeit

Im April 1986 ereignete sich im ukrainischen Tschernobyl der bisher schwerste Unfall in der Geschichte der Nutzung der Atomenergie. Rauch und Dampf bildeten eine »strahlende Wolke«, die über die westliche Sowjetunion in Richtung Mitteleuropa zog. Dadurch verteilten sich radioaktive Substanzen über große Teile Europas. Ihre Gefährlichkeit besteht darin, dass sie zerfallen und dabei potenziell gefährliche Strahlung freisetzen.

Die Geschwindigkeit des Zerfalls wird durch die Halbwertszeit gemessen. Das ist die Zeit, in der sich die Substanz auf die Hälfte reduziert. Zum Beispiel hat Cäsium-137 eine Halbwertszeit von 30 Jahren. Dies bedeutet, dass nach 30 Jahren von ursprünglich 10 g Cäsium noch 5 g übrig sind. Der Rest ist zerstrahlt. Es ist aber ein Trugschluss zu glauben, dass nach weiteren 30 Jahren das Cäsium völlig zerstrahlt sei. Nein: Dann sind nur die Hälfte der 5 g zerstrahlt. Also sind nach 60 Jahren noch 2,5 g übrig, und nach 90 Jahren immer noch 1,25 g. Das bedeutet: Substanzen mit großer Halbwertszeit bleiben lange erhalten! Tatsächlich wird in Europa noch immer eine erhöhte Oberflächenradioaktivität gemessen, die hauptsächlich auf Cäsium-137 zurückgeht.

Ein anderes Beispiel ist das Isotop Jod-131 mit einer kurzen Halbwertszeit von nur 8 Tagen. Man ist zunächst versucht, diese kurze Halbwertszeit als beruhigenden Faktor anzusehen, denn nach 16 Tagen ist nur noch 1/4 vorhanden, und nach 80 Tagen, also nicht einmal 3 Monaten, hat sich die Menge auf weniger als 1 Promille reduziert. Das ist richtig. Aber die andere Seite der Medaille ist, dass bei einem schnellen Zerfall die Substanz entsprechend stark strahlt. In der Tat wird die Höhe der Strahlenbelastung in der ersten Zeit nach einem kerntechnischen Unfall durch die Isotope des Jod dominiert.

In der Region von Tschernobyl treten seit 1989 vermehrt Fälle von Schilddrüsenkrebs auf, vor allem bei Kindern, die zur Zeit des Unfalls unter fünf Jahre alt waren. Es ist schwer, das in keinem Zusammenhang mit dem Unfall und der Jodstrahlung zu sehen.

Irrationalität

Die Schule des Pythagoras (ca. 500 v. Chr.) war eine verschworene Gemeinschaft. Man weiß nicht genau, ob es eine Akademie, ein Kloster oder eine Sekte war. Wahrscheinlich von allem etwas.

Man weiß auch nicht genau, was die Pythagoräer wirklich wussten. Sicher den Satz des Pythagoras. Eine weitere folgenreiche Entdeckung war der Zusammenhang zwischen Mathematik und Musik, genauer gesagt zwischen der Harmonie von Tönen und einfachen Zahlenverhältnissen. Bei einer Oktave, dem reinsten Klang, ist das Verhältnis der Saitenlängen 1:2, bei einer Quinte, dem zweitreinsten Intervall, ist das Verhältnis 2:3. Je einfacher der Klang, desto einfacher das Verhältnis der Saitenlängen.

Das muss für die Pythagoräer eine umwerfende Erkenntnis gewesen sein. Wenn die Zahlen etwas Wesentliches in einem so weit entfernten Gebiet wie der Musik erklären können, dann müssen die Zahlen der Schlüssel für alle Geheimnisse sein. So ist der Wahlspruch der Pythagoräer »Alles ist Zahl« zu verstehen. Mit Zahlen waren dabei ganze Zahlen und ihre Verhältnisse, also rationale Zahlen, gemeint.

Die Pythagoräer hatten nicht nur ein Motto, sondern auch ein Logo; ein Erkennungszeichen; das war das Pentagramm, der Fünfstern.

Das Tragische ist nun, dass gerade das Pentagramm in aller Deutlichkeit eine irrationale Zahl zur Schau stellt, die nach den Pythagoräern in der Welt am besten gar nicht vorkommen sollte. Wenn man sich nämlich die Strecke von

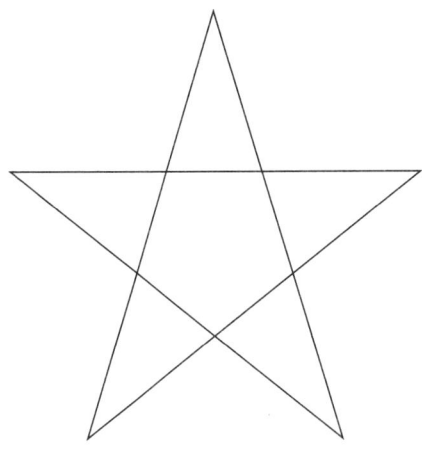

einer Spitze bis zu einer gegenüberliegenden vorstellt, dann erkennt man, dass der innere Knickpunkt die Strecke im Goldenen Schnitt teilt – und der Goldene Schnitt ist definitiv keine rationale Zahl, also kein Bruch aus ganzen Zahlen. Er ist eine ausgesprochen irrationale Zahl, er ist nämlich $(1 + \sqrt{5})/2$ ($\approx 1{,}618$), und da die Wurzel aus 5 irrational ist, ist auch der Goldene Schnitt irrational.

Soll man es Tragik oder Ironie des Schicksals nennen, dass die Pythagoräer gerade an ihrem Logo erkennen mussten, dass nicht alle Zahlen rational sind?

Kreise

Ein Kreis ist der Ort aller Punkte, die von einem gegebenen Punkt den gleichen Abstand haben. So lautet die nüchterne mathematische Definition. Andererseits hat der Kreis von jeher durch seine vollkommene Form eine unvergleichliche Faszination ausgeübt.

Ein Kreis hat unglaublich viele wunderbare Eigenschaften: An jeden Punkt eines Kreises kann man genau eine Tangente, das heißt eine Gerade, die den Kreis nur in einem Punkt berührt, anlegen. Diese steht senkrecht auf dem Radius durch den Berührpunkt.

Man kann einen Kreis auch durch eine Gleichung beschreiben. Die Gleichung eines Kreises mit Radius r, der als Mittelpunkt den Koordinatenursprung hat, lautet $x^2 + y^2 = r^2$. Dies bedeutet, dass der Kreis genau aus den Punkten mit Koordinaten x und y besteht, die dieser Gleichung genügen. (Man kann diese Gleichung leicht aus der Definition mit Hilfe des Satzes des Pythagoras ableiten.)

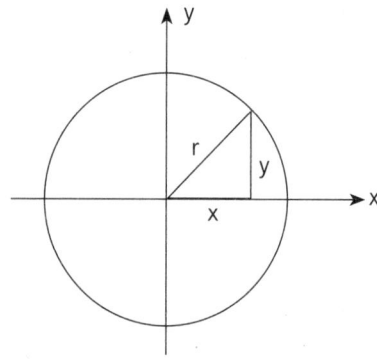

Ein Kreis ist das rundeste Objekt der Ebene, das es gibt. Er hat überall die gleiche Krümmung; er schließt sich in sich und ist das Symbol der Unendlichkeit. Mit Hilfe von Kreisen kann man die Krümmung von Kurven messen: Wenn man die Krümmung einer Kurve in einem Punkt wissen will, schmiegt man einen Kreis an die Kurve an; je kleiner der Radius, desto größer die Krümmung der Kurve.

Im Widerspruch zu seiner vollkommenen Form verträgt sich ein Kreis mit seinesgleichen schlecht. Im Gegensatz zu so eckigen Figuren wie einem Dreieck und einem Viereck, kann man mit einem Kreis die Ebene nicht lückenlos packen. Die dichteste Kreispackung ist die »hexagonale Packung«, und die überdeckt immerhin über 90% der Fläche der Ebene (die, die es genau wissen wollen: einen Anteil von $\pi/\sqrt{12}$).

Kugelpackungen

In meinem Urlaub in südlichen Ländern bummle ich gern durch die Dörfer und Städtchen. Nein, eigentlich habe ich kein Bedürfnis nach Kultur, mir haben es die einheimischen kulinarischen Spezialitäten angetan. Besonders fasziniert mich das südliche Obst: Die Orangen türmen sich auf den überladenen Karren und lachen mich so verführerisch an, dass ich einfach nicht widerstehen kann.

Die Verführung kommt natürlich von den köstlichen Früchten selbst, ihren Farben und ihrem Geschmack. Aber auch davon, dass sie so faszinierend aufgebaut sind. Die Orangen liegen nämlich nicht wild durcheinander, sie bilden vielmehr ein ganz bestimmtes Muster. Wenn man Orangen aufschichtet, ergibt sich dieses Muster fast automatisch.

In der untersten Lage sind die Orangen nicht in einem quadratischen Muster angeordnet, sondern eher sechseckig. Um eine Orange in der Mitte passen genau sechs Orangen. Um jede der äußeren Orangen kann man wieder sechs gruppieren; drei liegen schon, und drei kommen noch dazu. Und so weiter. Man erhält ein Muster, das eine hexagonale Struktur hat.

Die zweite Lage ergibt sich von selbst. Man legt die Orangen in Mulden der ersten Lage; man erhält wieder ein hexagonales Muster. Und so weiter.

Dies ist nicht nur die natürlichste, die stabilste und die attraktivste Packung von Orangen, sondern auch die platzsparendste. Das glaubte schon der große Astronom Johannes Kepler (1571-1630). Er vermutete 1611, dass die Orangenpackung die dichteste Kugelpackung ist: Immerhin knapp 75% des Raums werden von den Orangen eingenommen. Kepler war subjektiv überzeugt, konnte es aber nicht beweisen. Auch keinem seiner Nachfolger gelang es, hieb- und stichfest nachzuweisen, dass man gleich große Kugeln nicht dichter packen kann. So wurde die »Keplersche Vermutung« zu einem der berühmtesten offenen Probleme der Mathematik – und dasjenige, das am längsten ungelöst blieb.

Die Vermutung ist so einleuchtend, dass viele Menschen die Behauptung für selbstverständlich hielten. Vermutlich, weil sie sich nichts anderes vorstellen konnten. Ein geflügeltes Wort sagte, dass »die meisten Mathematiker glauben, aber alle Physiker wissen«, dass man Kugeln nicht dichter packen kann.

Seit 1998 wissen es auch die Mathematiker. Damals gelang Thomas Hales von der University of Michigan der Durchbruch. Mit bewundernswertem mathematischem Scharfsinn und massivem Computereinsatz konnte er beweisen, dass es tatsächlich keine dichtere Kugelpackung gibt. Etwas, was die südlichen Obsthändler schon immer wussten.

Lotto

Jede Woche geben Millionen von Menschen Geld aus, um eine oder mehrere Tippreihen im Lotto abzugeben. Sie erhoffen sich natürlich den Hauptgewinn, die zufällig gezogene Gewinnreihe.

Wie groß sind die Chancen auf den Hauptgewinn beim Lotto 6 aus 49? Das ist einfach auszurechnen: Eine Lottoziehung besteht aus zwei Schritten. Zuerst werden die Kugeln zufällig gezogen, dann werden die Zahlen der Größe nach geordnet. Beim ersten Schritt gibt es für die Kugel, die zuerst gewählt wird, 49 Möglichkeiten; für die zweite Kugel noch 48 Möglichkeiten, für die dritte 47 usw. Für die sechste Kugel gibt es noch 44 Möglichkeiten. Also gibt es im ersten Schritt insgesamt $49 \cdot 48 \cdot 47 \cdot 46 \cdot 45 \cdot 44$ Möglichkeiten. Im zweiten Schritt wird diese Zahl etwas reduziert. Dadurch, dass man die Zahlen der Größe nach ordnet, werden viele Ziehungen, zum Beispiel 13 - 17 - 2 - 40 - 32 - 45 und 2 - 13 - 40 - 17 - 45 - 32 als gleich betrachtet. Genauer gesagt, werden alle $6 \cdot 5 \cdot 4 \cdot 3 \cdot 2 \cdot 1$ Anordnungen der sechs gezogenen Kugeln zum gleichen Ergebnis der Ziehung zusammengefasst. Also ist die Anzahl aller Ziehungen gleich $49 \cdot 48 \cdot 47 \cdot 46 \cdot 45 \cdot 44 / 6 \cdot 5 \cdot 4 \cdot 3 \cdot 2 \cdot 1 = 13\,983\,816$. Eine riesige Zahl! Man müsste knapp 14 Millionen Tippreihen abgeben, um garantiert 6 Richtige zu haben. Alle Tippreihen haben die gleiche Chance, gezogen zu werden. Jede hat die (verschwindend geringe) Wahrscheinlichkeit von 0,0000000715 zu gewinnen!

Wenn Sie dennoch weiterhin Ihr Geld im Lotto anlegen wollen, dann wählen Sie Ihre Tippreihen so, dass Sie im unwahrscheinlichen Fall eines Gewinns diesen nicht mit anderen Lottokönigen teilen müssen. Denn das Schlimmste, was Ihnen passieren kann, ist: Sie haben 6 Richtige, müssen aber den Gewinn mit vielen anderen teilen! Das heißt: Sie sollten Ihre Tippreihe so wählen, dass nach Möglichkeit niemand anders dieselben Zahlen gewählt hat!

Konkret bedeutet dies: Verwenden Sie nicht Ihren Geburtstag als Zahlen, denn Zahlen unter 31 werden besonders häufig getippt. Benutzen Sie auch nicht nur Zahlen über 31. Benutzen Sie keine Muster! Wählen Sie nicht die Zahlen vom vergangenen Wochenende!

Mengen

Die Mengenlehre ist die Erfindung eines Mannes, der nicht nur die grundlegende Idee gehabt hat, sondern diese auch mit starken mathematischen Argumenten gegen Widerstände durchgesetzt hat. Dieser Mann war Georg Cantor (1845-1918).

Man darf sich den Beginn der Mengenlehre nicht so vorstellen, dass Cantor den Durchschnitt der Menge der kleinen Dreiecke mit den roten Figuren gebildet hat, wie wir das in der Grundschule tun mussten. So etwas ist eine Beleidigung der Mengenlehre. Es ging und geht um außerordentlich knifflige Fragen über unendliche Mengen, die man nicht beantworten kann, wenn man nicht die adäquaten Präzisionswerkzeuge zur Verfügung hat. Diese Werkzeuge hat Cantor entwickelt.

Diese Werkzeuge ermöglichen es, unendliche Mengen ihrer Größe nach zu vergleichen. Und es stellt sich heraus, dass nicht etwa unendlich gleich unendlich ist, sondern, dass manche unendliche Mengen »gleich groß« sind, während andere wesentlich verschieden sind.

Zum Beispiel sind die Mengen der natürlichen Zahlen, der ganzen Zahlen und der rationalen Zahlen in diesem Sinne äquivalent, alle sind *abzählbar*. Dies liegt daran, dass man sowohl die Menge der ganzen Zahlen als auch die der rationalen Zahlen der Reihe nach anordnen kann: Zuerst kommt die erste, dann die zweite, danach die dritte usw.

Demgegenüber sind die reellen Zahlen *überabzählbar;* dies bedeutet, dass man sie nicht der Reihe nach anordnen kann: Bei jedem Versuch einer Anordnung bleiben ganz sicher einige Zahlen, ja sogar unendlich viele Zahlen übrig.

Und die reellen Zahlen sind nicht die »größte« Menge: Zu jeder Menge gibt es eine, deren Mächtigkeit echt größer ist. Zum Beispiel ist die »Potenzmenge« einer Menge, das heißt, die Menge all ihrer Teilmengen, immer echt größer als die Ausgangsmenge. Man sagt dazu auch, sie hat eine größere »Mächtigkeit«.

All dies, und noch viel mehr, hat Cantor bewiesen.

Nichteuklidische Geometrie

Das wichtigste Buch für die Mathematik heißt »Die Elemente« und stammt von Euklid (ca. 300 v. Chr.). Es ist nicht nur das erste überlieferte Mathematikbuch, sondern das Werk, nach dessen Vorbild die Mathematik bis heute arbeitet. Ein Buch, das die Welt veränderte.

Euklid etablierte das Modell, wonach jeder mathematische Satz eine Voraussetzung und eine Behauptung hat und man von der Voraussetzung zur Behauptung nur durch rein logische Schlüsse kommen darf. Die generellen Voraussetzungen der Mathematik, aus denen letztlich alles andere abgeleitet wird, sind die Axiome.

»Die Elemente« handeln im Wesentlichen von Geometrie. Euklid gründet die Geometrie auf verschiedene Axiome (die er Postulate nennt), die alle unstrittig sind – bis auf eines, das berühmt-berüchtigte Parallelenpostulat, das schon durch seine komplizierte sprachliche Form auffällt:

Wenn eine gerade Linie beim Schnitt mit zwei geraden Linien bewirkt, dass innen auf derselben Seite entstehende Winkel zusammen kleiner als zwei Rechte werden, dass sich dann die zwei geraden Linien bei Verlängerung ins Unendliche treffen ...

Wenn man die Elemente genau liest, merkt man, dass Euklid das Parallelenpostulat erst so spät wie möglich verwendete; erst, als es anders nicht mehr ging, setzte er dieses starke Instrument ein.

Seine Nachfolger hatten eine ganz andere Vorstellung: sie wollten gänzlich ohne Parallelenpostulat auskommen. Mit anderen Worten: ihre Arbeitshypothese war, dass diese

Aussage kein Axiom ist, sondern aus den anderen Axiomen folgt!

In der Tat wurde das Parallelenpostulat bewiesen, sogar mehrfach – aber alle diese Beweise waren falsch!

Der erste, der ahnte, dass das Parallelenpostulat nicht bewiesen werden kann, war Gauß; er hat jedoch seine Gedanken nur seinen Tagebüchern anvertraut und nichts veröffentlicht. Der Ruhm der ersten Veröffentlichungen zur nichteuklidischen Geometrie gebührt dem Russen Nikolai Iwanowitsch Lobatschewski (1792–1856) und dem Ungarn János Bolyai (1802–1860).

So wissen wir, dass das Parallelenpostulat nicht bewiesen werden kann. Es gibt Geometrien, in denen das Parallelenpostulat nicht gilt. In dieser nichteuklidischen, genauer gesagt: hyperbolischen Geometrie gehen durch einen Punkt außerhalb einer Geraden unendlich viele Parallelen.

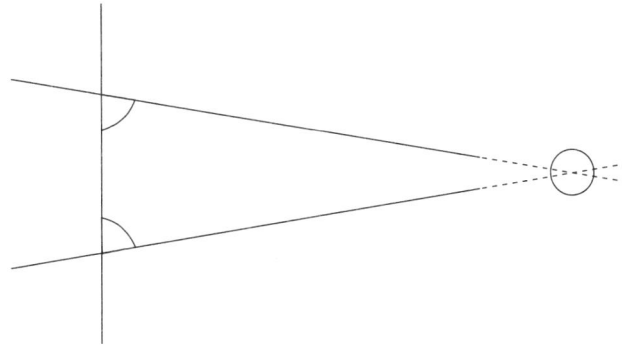

Null

Wer zum ersten Mal die Null in unserem Sinne benutzt hat und wann das war, verliert sich im Dunkel der Geschichte. Sicher ist, dass die Null in Indien erfunden wurde. Die erste zweifelsfrei dokumentierte Null findet sich in einem Vishnu-Tempel in Gwalior, etwa 400 Kilometer südlich von Delhi: Auf einer Steintafel aus dem Jahre 876 wird die Null gleich zweimal zur Darstellung der Zahlen 270 und 50 verwendet.

Zweifellos ist die Null eine der genialsten Erfindungen der Menschheit. Eine, die das Rechnen einfach und weniger fehleranfällig macht. Eine, die uns heute vollkommen selbstverständlich scheint. Und eine, die sich nur gegen Widerstände durchgesetzt hat.

Man braucht die Null, wenn man beliebig große Zahlen mit nur wenigen Zeichen darstellen will. Dann benutzt man ein Stellenwertsystem, etwa das uns vertraute Dezimalsystem. Eine Ziffer hat nicht einen Wert an sich, sondern es kommt darauf an, wo sie steht. Es ist etwas anderes, ob eine 1 an der letzten Stelle (Einerstelle) oder an der viertletzten Stelle (Tausenderstelle) steht. Die 1 drückt aus, dass der Beitrag, den diese Stelle zu der Zahl liefert, 1 ist. Wenn die 1 an der Einerstelle steht, gilt sie 1, aber wenn sie an der Tausenderstelle steht, gilt sie 1000.

Unsere gewohnten Zahlen, wie etwa 276, sind Abkürzungen. Wenn wir wissen wollen, was sie bedeuten, müssen wir sie ausschreiben:

$$276 = 2 \cdot 10^2 + 7 \cdot 10^1 + 6 \cdot 10^0$$

Wenn eine Stelle keinen Beitrag zu einer Zahl liefert, kann man versuchen, an diese Stelle nichts zu schreiben. Wenn wir 5 Hunderter, keine Zehner und 3 Einser haben, könnten wir 5 3 schreiben. Tatsächlich machten dies die Babylonier so. Aber Sie erkennen sofort, dass hier beliebig viele Lesefehler entstehen und dem Betrug Tür und Tür geöffnet wird. Denn wenn der Abstand zwischen der 5 und der 3 klein ist, könnte man argumentieren, dass dies gar kein Abstand ist und die Zahl in Wirklichkeit 53 lautet.

Irgendwann hatte irgendjemand die verrückte, aber geniale Idee, dass auch das Nichts ein Zeichen braucht. Dass man die Tatsache, dass eine Stelle keinen Beitrag liefert, mit einem Symbol bezeichnen muss. Das war die Geburtsstunde der Null.

In seinem Buch »Liber abaci« hat Fibonacci (unter diesem Namen wurde Leonardo von Pisa berühmt) 1202 das neue, indisch-arabische System in Mitteleuropa eingeführt und gleich zu Beginn unübertrefflich klar formuliert:

Die neun indischen Figuren sind 9 8 7 6 5 4 3 2 1. Mit diesen neun Figuren und dem Zeichen 0, welches die Araber Zephirum nennen, lässt sich jede Zahl schreiben.

0,999... = 1?

Eine Frage, die endlose Diskussionen hervorruft. »Auch wenn ich noch so viele Neunen hinschreibe, bleibt 0,9999 immer noch kleiner als 1. Also ist 0,999... kleiner als 1.« Mancher unterstützt diese These, indem er versucht zu argumentieren: »Diese Zahl strebt gegen 1, sie wird aber nie gleich 1.«

Um die Frage zu beantworten, muss man zunächst klären, was unter dem Ausdruck 0,999... zu verstehen ist. Man schreibt oft auch $0,\overline{9}$ und spricht dies »Null Komma Neun Periode« aus. Das ist eine Zahl. Aber nicht die Zahl 0,9, auch nicht 0,99 und auch nicht die Zahl 0,9999999999. Solche Zahlen sind prinzipiell einfach zu beherrschen, und es besteht kein Zweifel, dass diese kleiner als 1 sind.

Wir kommen der Sache schon näher, wenn wir versuchen, die Formulierung zu verstehen »diese Zahl konvergiert (strebt) gegen 1«. Zunächst: Keine Zahl strebt gegen irgendetwas, sondern eine Zahl ist eine Zahl. Etwas Festes. Sie ist entweder kleiner als 1, gleich 1 oder größer als 1.

Der Schlüssel zum Verständnis ist die Erkenntnis, dass man bei dem Ausdruck 0,999... an eine Zahlen*folge* denken soll, und zwar an die Folge der Zahlen

0,9 0,99 0,999 0,9999 0,99999...

Wir verstehen, was die drei Punkte bedeuten: Wir wissen, dass die nächste Zahl der Folge 0,999999 und die übernächste 0,9999999 ist. Wir können sogar die tausendste Zahl dieser Folge hinschreiben: Null, Komma, und dann 1000 Neunen.

Die Zahlen dieser Folge nähern sich der Zahl 1 beliebig nahe an. Der Abstand zu 1 wird immer kleiner. Genauer: Der Abstand wird kleiner als jede Zahl, die wir uns ausdenken können. Und alle folgenden Zahlen haben einen noch kleineren Abstand zu 1.

Man sagt dazu: die Folge *konvergiert* gegen 1. Anders ausgedrückt: 1 ist der *Grenzwert* der Folge. Und unter 0,999... (= 0,9) versteht man tatsächlich den Grenzwert der Folge.

Und das heißt? ... dass die Zahl 0,999... tatsächlich gleich 1 ist!

Mathematiker finden eine Zahl wie 0,999... eigentlich langweilig, denn sie kennen sie ja schon. Sie benützen konvergente Folgen, um neue reelle Zahlen zu definieren. Ein berühmtes Beispiel ist die Zahl e, die *Eulersche Zahl*, die Basis des natürlichen Logarithmus, die als Grenzwert der Folge

$$(1+1/n)^n$$

definiert wird. Man kann ausrechnen, dass e ungefähr gleich 2,718 ist.

Pi

Die Zahl π = 3,14159... gehört zu den interessantesten und geheimnisvollsten Zahlen. Sie spielte in der Mathematik von Anfang an eine wesentliche Rolle und ist auch heute noch ein Gegenstand der Forschung. Die Zahl π kommt in vielen Bereichen der Mathematik vor: Geometrie, Zahlentheorie, Analysis, Wahrscheinlichkeitsrechnung usw.

Die Definition ist einfach: π ist das Verhältnis von Umfang zum Durchmesser eines Kreises. Mit anderen Worten: Aus dem Durchmesser d erhält man den Umfang U, indem man d mit π multipliziert.

Bereits den Babyloniern und den Ägyptern war um 2000 v. Chr. die Tatsache bekannt, dass sich bei jedem Kreis das gleiche Verhältnis von Umfang zum Durchmesser ergibt. So rechneten die Babylonier mit 3,125, die Ägypter mit etwa 3,16049. Auch die Bibel lässt Rückschlüsse auf einen Wert von π zu. Im 1. Buch der Könige heißt es beim Bau eines runden Wasserreservoirs: »Und er machte das Meer, gegossen, von einem Rand zum anderen zehn Ellen weit ..., und eine Schnur von dreißig Ellen war das Maß ringsherum.« Daraus ergibt sich die – bereits für damalige Verhältnisse schlechte – Näherung von π = 3.

π ist eine irrationale Zahl, das heißt kein Bruch, ja sogar eine transzendente Zahl. Daraus folgt insbesondere, dass es nicht sein kann, dass sich die Ziffern ab einer gewissen Stelle periodisch wiederholen.

Der Erste, der erkannte, dass man π nicht exakt berechnen, sondern nur systematisch annähern kann, war Archimedes (287–212 v. Chr.). Seine Methode bestand darin, dass er einem Kreis reguläre Sechsecke in- und umbeschrieb, deren Umfänge er berechnen konnte. Durch Verdopplung der Eckenzahl gelangte er zu immer besseren Näherungen für π. Bei 96-Ecken angelangt, erhielt er:

$$3\ 10/71 < \pi < 3\ 1/7.$$

Den aktuellen Weltrekord in der Berechnung von π hält der Japaner Yasumasa Kanada von der Universität Tokio. Im September 1999 berechnete er unglaubliche 206 Milliarden Ziffern von π. – Eine Leistung, die keine praktische Anwendung hat. Das ist so ähnlich, wie ohne Sauerstoffmaske den Mount Everest zu besteigen. Es nützt niemandem, ist aber ein Wahnsinnsgefühl.

Platonische Körper

Ein dreidimensionaler Körper ist ein platonischer Körper, falls er so regelmäßig wie möglich ist. Konkret bedeutet dies: Jede seiner Seitenflächen ist ein reguläres n-Eck, und an jeder Ecke stoßen gleich viele Flächen zusammen. Außerdem soll der Körper »konvex« sein, d.h. keine herausstehenden Spitzen oder Einbuchtungen besitzen.

Sie kennen bestimmt mindestens zwei solcher Körper, nämlich den Würfel und das Tetraeder: Beim Würfel sind alle Seiten Quadrate, und an jeder Ecke stoßen drei Quadrate zusammen; beim Tetraeder (Vierflächner) sind alle Seitenflächen gleichseitige Dreiecke, und an jeder Ecke stoßen ebenfalls drei Flächen zusammen.

Es gibt drei weitere platonische Körper: Das Oktaeder (Achtflächner, der aus gleichseitigen Dreiecken besteht, von denen an jeder Ecke vier aufeinandertreffen), das Ikosaeder (Zwanzigflächner, der ebenfalls aus gleichseitigen Dreiecken besteht, von denen an jeder Ecke fünf zusammenstoßen) und das Dodekaeder (Zwölfflächner, dessen Seiten regelmäßige Fünfecke sind, von denen an jeder Ecke jeweils drei zusammenkommen).

Es gibt keine anderen platonischen Körper. Nicht weil man keine anderen gefunden hat, sondern weil man beweisen kann, dass es keine anderen geben kann. Beim Beweis versucht man, von einer Ecke ausgehend den Körper zu bauen. Es zeigt sich, dass man potenzielle andere platonische Körper nicht einmal anfangen kann zu bauen! Zum Beispiel gibt es keinen platonischen Körper aus Sechsecken. Warum? Weil jede Ecke eines regulären Sechsecks einen Winkel von 120° hat. Wenn man drei von diesen zusammensetzt, erhält man einen Winkel von 360°, also eine Ebene. Dies kann nie ein Körper werden!

Für Platon war die Tatsache, dass es keine anderen platonischen Körper gibt, so bemerkenswert, dass er die fünf platonischen Körper den vier antiken Elementen zugeordnet hat: Das Tetraeder wurde mit dem Feuer, der Würfel mit Erde, das Oktaeder mit der Luft, das Ikosaeder mit Wasser – und das Dodekaeder mit der Quintessenz, dem »fünften Seienden« identifiziert.

Johannes Kepler (1571–1630) war einer der vielen, der sich der Faszination dieser Körper, die sich zum Beispiel in ihrer außerordentlichen Symmetrie zeigt, nicht entziehen konnte. Es gelang ihm, die Bahnen der (damals bekannten) Planeten den platonischen Körpern ein- und umzubeschreiben. Er war überzeugt, damit einen Schlüssel zur Welterkenntnis gefunden zu haben.

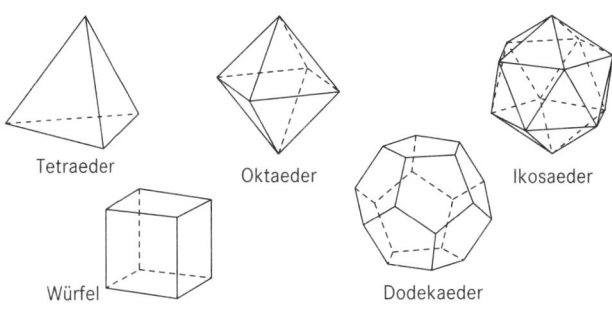

Primzahlen

Primzahlen sind diejenigen natürlichen Zahlen größer als 1, die nur durch 1 und sich selbst teilbar sind. Die Zahl 2 ist die kleinste Primzahl, und die Folge der Primzahlen geht dann wie folgt weiter:

$$3, 5, 7, 11, 13, 17, 19, 23, \ldots$$

Primzahlen sind die wichtigsten natürlichen Zahlen, da jede natürliche Zahl ein Produkt von Primzahlen ist (Hauptsatz der elementaren Zahlentheorie). Damit spielen die Primzahlen im Reich der Zahlen eine ähnliche Rolle, wie sie die chemischen Elemente im Reich der Verbindungen haben.

Der wichtigste Satz über Primzahlen steht bereits in dem Buch »Die Elemente« von Euklid, dem ersten Mathematikbuch der Welt. Darin wird behauptet, dass es unendlich viele Primzahlen gibt. Dies bedeutet, dass es keine größte Primzahl gibt, da es immer eine noch größere gibt.

Der Beweis dieses Satzes ist trickreich: Euklid nimmt an, dass es nur endlich viele Primzahlen gäbe, und leitet aus dieser Annahme einen Widerspruch ab: Seien $p_1, p_2, \ldots, p_s$ alle Primzahlen. Dann betrachtet man die Zahl $n = p_1 \cdot p_2 \cdot \ldots \cdot p_s + 1$. Da diese Zahl wie jede natürliche Zahl > 1 durch eine Primzahl teilbar sein muss, ergibt sich nach einigen weiteren Überlegungen ein Widerspruch.

Im 19. Jahrhundert wurde eine enorme Verschärfung dieses Satzes bewiesen. Der sogenannte Primzahlsatz sagt in sehr präziser Weise aus, dass es – entgegen dem ersten Anschein – unglaublich viele Primzahlen gibt. Er besagt, dass es bis zu einer Zahl x etwa $x/\ln x$ Primzahlen gibt, wobei lnx der natürliche Logarithmus von x ist. Wenn Sie sich nicht mehr daran erinnern, was der natürliche Logarithmus ist, macht Ihnen das folgende Beispiel klar, wie gigantisch groß die Zahl der Primzahlen ist: Unter den Zahlen der Größenordnung von einer Billion (10^{12}) gibt es mehr als 35 Milliarden Primzahlen; im Durchschnitt ist in diesem Bereich noch jede 28te Zahl, also jede 14te ungerade Zahl eine Primzahl.

Die größte heute (im Jahre 2005) bekannte Primzahl ist $2^{25964951}-1$, eine Zahl mit 7 816 230 Dezimalstellen. Wenn man sie ausschreiben würde, wäre sie etwa 40 km lang.

Der Satz des Pythagoras

Jeder kennt die Gleichung $a^2+b^2=c^2$, sie kommt uns fast reflexartig über die Lippen. Aber die Gleichung ist nicht sinnlos, sondern sie bedeutet etwas, sie ist die Folgerung eines Satzes, der – wie jeder mathematische Satz – auch eine Voraussetzung hat.

Es ist der Satz des Pythagoras, und dieser lautet: Wenn a, b, c die Längen der Seiten eines rechtwinkligen Dreiecks sind, wobei c die Länge der Hypotenuse (längste Seite) ist, dann gilt $a^2+b^2=c^2$. Geometrisch ausgedrückt: Die Summe der Flächeninhalte der beiden Quadrate über den Katheten (den Seiten, die den rechten Winkel bilden) ist gleich dem Flächeninhalt des Quadrats über der Hypotenuse.

Dies bedeutet, dass je zwei der Größen a, b, c die dritte bestimmen. Wenn zum Beispiel die kürzeren Seiten eines rechtwinkligen Dreiecks die Längen 3 und 4 haben, dann gilt $c^2=3^2+4^2=25$, also c = 5. Der Satz gilt für alle rechtwinkligen Dreiecke, unabhängig davon, ob ihre Seitenlängen ganze Zahlen, rationale Zahlen oder irrationale Zahlen sind.

Der Satz des Pythagoras ist sicher der bekannteste Satz der Mathematik. Die Pythagoräer (ca. 500 v. Chr.) kannten ihn und konnten ihn auch beweisen, aber schon über 1000 Jahre zuvor war der Satz den Babyloniern bekannt. Der Satz des Pythagoras ist der Satz der Mathematik, der die meisten Beweise hat; bis heute sind etwa 400 Beweise bekannt, unter anderem auch ein Beweis des ehemaligen amerikanischen Präsidenten J. A. Garfield (1831–1881).

Der bekannteste Beweis dürfte der altindische Ergänzungsbeweis sein. In ein großes Quadrat kann man vier

Kopien des rechtwinkligen Dreiecks so legen, dass in einem Fall die beiden Kathetenquadrate und im anderen Fall das Hypotenusenquadrat übrig bleibt. Da die übrig bleibende Fläche in beiden Fällen die gleiche ist, ergibt sich $a^2 + b^2 = c^2$.

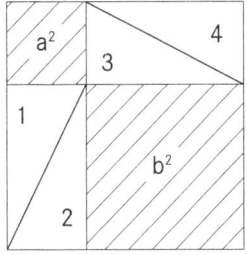
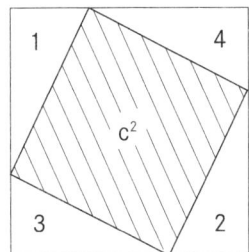

Quadratur des Kreises

Eines der mathematischen Probleme, das sprichwörtlich geworden ist. Im Alltag verwenden wir die Redewendung »Das ist die Quadratur des Kreises«, um auszudrücken, dass ein Problem eigentlich nicht zu lösen ist.

Das mathematische Problem ist aber nicht nur schwer zu lösen, es ist überhaupt nicht lösbar. Und das liegt nicht daran, weil wir es noch nicht geschafft haben, sondern weil man beweisen kann, dass es unlösbar ist.

Es handelt sich um eines der mathematischen Probleme der Antike. Dabei geht es darum, zu einem gegebenen Kreis ein Quadrat zu konstruieren, das den gleichen Flächeninhalt hat. Dabei sind zwei Dinge zu bedenken: 1. Die Konstruktion darf nur mit »Zirkel und Lineal« erfolgen. 2. Die Konstruktion muss exakt sein. Gefragt ist nach einer exakten Lösung. Näherungskonstruktionen, auch wenn sie noch so intelligent und für alle praktischen Zwecke ausreichend sind, werden bei diesem Problem nicht betrachtet.

Überlegen wir uns, was zu tun ist. Wir wissen: Ein Kreis mit Radius r hat den Flächeninhalt πr^2. Wir nennen die Seitenlänge des zu konstruierenden Quadrats a; damit hat das Quadrat den Flächeninhalt a^2. Daher muss die Zahl a so bestimmt werden, dass $a^2 = \pi r^2$, also $a = r\sqrt{\pi}$ gilt. Im Wesentlichen geht es dabei darum, eine Strecke der Länge $\sqrt{\pi}$, oder, was dazu äquivalent ist, eine Strecke der Länge π zu konstruieren.

Dies hat sich als schwieriges Problem herausgestellt, das die Möglichkeiten der altgriechischen Mathematik weit übersteigt. Die Lösung erfolgte letztlich erst im Jahre 1882 durch den Mathematiker Ferdinand Lindemann (1852–1939), der bewies, dass π eine transzendente Zahl ist.

Wenn man diese Erkenntnis in die Geometrie zurückübersetzt, erkennt man, dass man die Quadratur des Kreises nicht in endlich vielen Schritten durchführen kann. Ein unerschütterlicher Beweis dafür, dass die Quadratur des Kreises unmöglich ist.

Kann man Konflikte rechnerisch lösen?

Im Prinzip ist in der Mathematik alles klar. Jede Meinungsverschiedenheit über einen mathematischen Gegenstand kann grundsätzlich gelöst werden. Ein Fehler in einer Argumentation oder einer Rechnung kann objektiv nachgewiesen werden. Jeder Schüler kann einen Professor bei einer Ungenauigkeit ertappen. Es gibt keine Ausreden. Es ist so oder so. Entweder – oder.

In der Mathematik werden Erkenntnisse durch logische Argumentation erzielt. Ausschließlich so. Objektiv und ohne Emotionen. Oft durch kalkülmäßiges Rechnen. Das ist vielleicht kaltherzig, aber es kommt ohne subjektives Sicheinbringen aus. Das ist jedenfalls ein Aspekt der Mathematik. Und den finden die Mathematiker gut.

Kann man die Konflikte des Alltags, die persönlichen und die politischen auch so lösen? Indem man eine Formel auswertet? Indem man überprüft, ob die linke Seite einer Gleichung gleich der rechten ist? Indem man die Wahrheit einfach ausrechnet? Der Gedanke ist verführerisch.

Dann müssten wir uns nicht mehr streiten, wir würden uns unnötige emotionale Auseinandersetzungen sparen, alle Konflikte würden quasi automatisch gelöst. Und bei echten Konflikten würden wir mit Hilfe der Mathematik den optimalen Kompromiss ausrechnen.

Gibt es so etwas? Soweit ich sehe, bisher nicht. Und ich bin mir nicht einmal sicher, ob das gut wäre.

Aber der große Gottfried Wilhelm Leibniz (1646–1716)

hatte genau diese Vision. Er war der Ansicht, man müsse die Philosophie so weit bringen, dass sich die Kontrahenten hinsetzen und zu den Differenzen ihrer Ansichten sagen: Rechnen wir es aus! Seine Devise war: »Calculemus! Laßt es uns einfach rechnen!«

Römische Zahlen

MCMLXXVI bedeutet ... Moment mal!

Also, I ist eins, V ist fünf, X bedeutet zehn, C ist hundert und M tausend. Damit ist die Zahl prinzipiell einfach zu lesen. Die größten Zahlen stehen vorne. Es beginnt mit M, also tausend. Dann kommt C (hundert), und dann – kommt wieder M.

Das ist die einzige merkwürdige Regel im römischen Zahlensystem: Wenn eine kleinere Zahl vor einer größeren steht, wird sie von der größeren abgezogen. Das heißt, CM ist 900 (= 1000 – 100), IV ist 4 (= 5 – 1), usw. Damit können wir obige Zahl jetzt zweifelsfrei lesen:

$$MCMLXXVI = 1000 + 900 + 50 + 10$$
$$+ 10 + 5 + 1 = 1976$$

Die römischen Zahlzeichen bedeuten immer das Gleiche, egal wo sie stehen. M bedeutet immer tausend. Nur wenn eine kleinere Zahl vor einer größeren steht, muss man die »Minus-Regel« anwenden.

Das römische Zahlensystem ist ungeeignet zum Rechnen; dazu wurde der Abakus benutzt. Komplizierte Rechenoperationen wie das Multiplizieren scheinen unmöglich zu sein: XIV mal XXIII? Aber dafür gibt es einen genialen Trick, bei dem man Zahlen nur halbieren, verdoppeln und addieren muss, alles Operationen, die die Römer mit Hilfe des Abakus gut ausführen konnten.

Man schreibt die beiden zu multiplizierenden Zahlen nebeneinander. Dann betrachtet man zuerst die linke Zahl. Man halbiert sie und schreibt das Ergebnis darunter. Dabei ist man großzügig: Wenn es nicht aufgeht, lässt man den Rest weg. Wenn man von VII ausgeht, steht darunter III. Das macht man, bis man zu I gelangt. In der rechten Spalte verdoppelt man die Zahlen jeweils. Schließlich addiert man diejenigen Zahlen der rechten Spalte, bei denen die danebenstehende Zahl der linken Spalte *ungerade* ist! Das ist das Ergebnis!

XIV	XXIII
VII	XLVI
III	XCII
I	CLXXXIV

Also: XIV mal XXIII = XLVI + XCII + CLXXXIV = CCCXXII.

Klingt kompliziert und ist kompliziert – aber so haben die Römer multipliziert!

Alle notwendigen Operationen, nämlich Verdoppeln und Addieren, konnten sie bequem mit dem Abakus durchführen. So konnte der Abakus, eigentlich eine reine Additionsmaschine, auch als Hilfsmittel zur Multiplikation verwendet werden.

Die Geschichte vom Schachbrett

Der Erfinder des Schachspiels war ein Weiser namens Sessa Ebn Daher, der das königliche Spiel für seinen Herrscher Shehram erfunden hatte. Dieser war so begeistert, dass er dem Weisen die Erfüllung eines Wunsches gewährte. Darauf lächelte dieser und bat um nichts weiter als darum, dass ihm auf das erste Feld des Schachbretts ein Weizenkorn gelegt werde, auf das zweite zwei, auf das dritte vier und so fort, immer auf das nächste doppelt so viele wie auf das vorige.

König Shehram soll über diesen scheinbar bescheidenen Wunsch je nach Überlieferung verwundert oder ungehalten gewesen sein. Als aber die Rechenkünstler des Landes nach langen, harten Berechnungen feststellen mussten, dass auf dem Schachbrett insgesamt 18 446 744 073 709 551 615 (18 Trillionen, 446 744 Billionen, 73 Milliarden, 709 Millionen, 551 Tausend und 615) Weizenkörner liegen müssten, ein Vielfaches der damaligen und der heutigen Jahresproduktion an Weizen der Erde, da gab er sich seinem Weisen ein weiteres Mal geschlagen. Wie der Weise Sessa Ebn Daher tatsächlich entlohnt wurde, ist nicht überliefert.

Das Problem, an dem der König Shehram scheiterte, ist das unvorstellbar schnelle Wachstum der *Exponentialfunktion*, also einer Funktion des Typs $x \mapsto 2^x$, die jeder Zahl x die Potenz 2x zuordnet. Während die ersten Schritte harmlos sind, wird die Situation sehr schnell dramatisch.

Exponentialfunktionen begegnen uns auch im täglichen Leben; zum Glück erleben wir meist nur die ersten Schritte.

Bakterien vermehren sich durch Zellteilung. Aus einem Bakterium werden zwei. Dies bedeutet, dass ihre Anzahl, unter idealen Bedingungen, nach einer gewissen Zeit doppelt so groß wie zuvor ist. Wenn wir annehmen, dass sich ein Bakterium alle 15 Minuten reproduziert und nur einen Hundertstel Quadratmillimeter groß ist, wäre die Erdoberfläche innerhalb von weniger als 20 Stunden vollständig durch diese Bakterien überdeckt. Zum Glück sind die Bedingungen nicht dauerhaft ideal: Es gibt keine Nahrung mehr, sie selbst werden von anderen als Nahrung benutzt. Mit anderen Worten: Die Natur ist ein sensibles Gleichgewicht von exponentiellen Entwicklungen.

Ein ganz anderes Beispiel sind Kettenbriefe: Schicken Sie an fünf Bekannte je einen Brief mit zehn Euro, und in wenigen Tagen werden Sie steinreich sein! Die Kette läuft sich spätestens dann tot, wenn jeder der 6 Milliarden Erdenbewohner einen Brief erhalten hat und das Geld nur noch hin- und hergeschoben wird. Wie lange dauert das? Wenn wir annehmen, dass die Post es schafft, jeden dieser Briefe innerhalb eines Tages zuzustellen, dann dauert es nur 14 Tage!

Schönheit, mathematische

Es ist unglaublich, was Mathematiker für schön halten. Sätze, Beweise, Formeln. Eingeweihte geraten ins Schwärmen, wenn sie hören: »e hoch i mal pi gleich minus eins«, oder »e − k + f = 2«; aber auch bei $a^n + b^n = c^n$ schnalzen sie genießerisch mit der Zunge.

Warum eigentlich? Ist das wirklich schön? Oder will man sich nur vergewissern, dass man dazugehört und weiß, was diese Formeln bedeuten?

Schönheit in der Mathematik heißt zunächst Einfachheit. Nicht barocke Schönheit, wo an jeder noch freien Stelle ein kleiner Engel sitzt, ist das Ideal mathematischer Schönheit, sondern viel eher der Bauhausstil. Mathematische Schönheit begnügt sich nicht mit Oberflächenreizen, sondern geht aufs Ganze. Mathematiker sagen nicht nur »form follows function«, sondern »form is function«.

Eine mathematische Beschreibung eines Sachverhalts, einer Situation soll möglichst kurz, knapp und prägnant sein. Und zwar nicht deswegen, weil Wesentliches vergessen, auch nicht, weil weniger Wichtiges weggelassen wird, sondern dadurch, dass Unnötiges als solches erkannt wird. Jeder Mathematiker hofft bei der Entwicklung einer Theorie, dass sich alles, auch Kompliziertes, als im Grunde einfach zeigt.

Aber Schönheit ist mit der Mathematik noch tiefer verbunden. Es ist nicht nur so, dass ein Ergebnis schön ist: phantastische Formeln, elegante Symbole, blendende Beweise. Nein, Schönheit dient auch als Orientierung bei der Arbeit von Mathematikern. Wenn in einer gewissen Situation zwei Möglichkeiten denkbar sind, von denen eine schöner ist als die andere, dann ist die schönere richtig, das meint jedenfalls der englische Physiker und Mathematiker Roger Penrose (geb. 1931). Etwas despektierlicher könnte man auch sagen: Uns Mathematiker interessiert nur das Schöne. Alles andere lassen wir links liegen.

Auch wenn es oft nicht so aussieht: Mathematiker sind stets auf der Suche nach Schönheit. Weil sie wissen: In der Schönheit zeigt sich etwas Wesentliches. Es gibt einen entscheidenden Punkt. Und wenn man den erkennt, löst sich alles in Wohlgefallen auf. Es ist fast so wie in den Versen Joseph von Eichendorffs:

> *Schläft ein Lied in allen Dingen,*
> *die da träumen fort und fort.*
> *Und die Welt hebt an zu singen,*
> *triffst Du nur das Zauberwort.*

Seifenhäute

Es ist eines der schönsten und elegantesten Werke der Architektur des 20. Jahrhunderts. Stabil und leicht, beschwingt und einladend, schützend und anziehend gleichermaßen. Ein echter Geniestreich!

Das zeltartige Dach des Olympiastadions in München war und ist das Symbol für die Olympischen Spiele 1972 in München. Warum ist dieses Dach eigentlich so schön? Sie meinen, das sei eine Geschmacksfrage, und über Geschmack könne man nicht streiten.

Nein, so ist es nicht. Es ist nicht eine reine Geschmacksfrage, denn in dem Dach steckt Mathematik!

Das Dach wurde vom Institut für Leichte Flächentragwerke der Universität Stuttgart unter Leitung von Frei Otto entworfen. Die Mitarbeiter des Instituts haben damals nicht in möglichst verrückten Designideen geschwelgt, eine abgefahrener als die andere – im Gegenteil: sie suchten die einfachsten Formen. Dazu haben sie experimentiert und beobachtet.

Beobachtet haben sie – Seifenhäute! Ja, sie haben genauso mit Seifenblasen gespielt wie wir als Kinder. Sie haben sich aber nicht auf kugelförmige Blasen beschränkt, sondern tauchten alle möglichen Drahtgestelle in die Seifenlauge und beobachteten, was dabei herauskam.

Solche Experimente können Sie selbst machen. In eine mit Wasser gefüllte Schüssel geben Sie einen kräftigen Schuss Spülmittel. Dann nehmen Sie einen Draht, formen ihn zu irgendeinem mehr oder weniger geschlossenen Gebilde, tauchen ihn in die Seifenlauge und ziehen ihn wieder heraus.

Schauen Sie an, was entstanden ist. Sie werden überrascht sein! Die Stuttgarter haben damals Hunderte, Tausende von Versuchen gemacht, alle dokumentiert und dann die angemessene Form für das Olympiagelände ausgesucht.

Dahinter steckt Mathematik. Und zwar ausgesprochen schwierige Mathematik. Es ist die Mathematik der Minimalflächen: Seifenlauge hat nämlich eine besondere Eigenschaft. Nur eine. Aber die realisiert sie konsequent und kompromisslos: Sie bildet sich immer so, dass ihre Oberfläche so klein wie möglich ist. Das bedeutet: Bei jeder kleinen Verformung wird die Fläche größer, also die Spannung stärker, und daher federt die Seifenhaut wieder in ihre Ausgangslage zurück.

Die Mathematik ist für die Stabilität und die unübertroffene Eleganz des Olympiadachs verantwortlich. Die Formen entstehen »einfach so« und wirken daher trotz der riesigen Dimensionen ausgesprochen natürlich. Schauen Sie sich's an. Es lohnt sich.

Seil um den Äquator

Eine berühmte Aufgabe: Wir legen ein Seil um den Äquator. Es hat genau die Länge des Äquators (etwa 40 000 km) und liegt an jeder Stelle fest an. Nun wird dieses unvorstellbar lange Seil um genau einen Meter verlängert. Dann sitzt es nicht mehr ganz fest, sondern ein bisschen lockerer. Um wie viel? Genauer gefragt: Wenn das Seil jetzt an jeder Stelle gleich weit vom Äquator entfernt ist, wie groß ist dann dieser Abstand? Nicht merklich? 1 mm, 1 cm – oder gar noch mehr?

Die Antwort ist wirklich überraschend: Etwa 16 cm! Warum? Antwort: Weil man es ausrechnen kann! Und auch das ist nicht schwer, man muss nur die Formel kennen, mit der man aus dem Radius eines Kreises den Umfang berechnet. Diese lautet $U = 2\pi r$, wobei $\pi = 3{,}14\ldots$ die Kreiszahl ist.

Betrachten wir den Kreis, der durch den Äquator gebildet wird. Dieser Kreis hat einen gewissen Radius. Wir wissen nicht genau, wie groß dieser ist. Es wird sich aber herausstellen, dass wir das auch gar nicht zu wissen brauchen. Wir nennen den Radius einfach r. Dann wissen wir, wie man den Umfang U, also die Länge des Äquators, berechnet: $U = 2\pi r$. Wenn der Umfang gegeben ist, kann man daraus auch den Radius berechnen: $r = U/2\pi$.

Nun wird das Seil um einen Meter verlängert und wieder in eine perfekte Kreisform gebracht; der Umfang dieses Kreises ist also $U + 1$. Wie groß ist sein Radius? Ganz einfach: Wenn wir den Radius dieses größeren Kreises R nennen, gilt $U + 1 = 2\pi R$, also $R = (U + 1)/2\pi$.

Der Abstand des Seiles vom Äquator ist gleich der Differenz der beiden Radien. Diese können wir jetzt auch einfach ausrechnen:

$$R - r = (U+1)/2\pi - U/2\pi = [(U+1) - U]/2\pi = 1/2\pi$$

Da $\pi = 3{,}14\ldots$ ist, ist $2\pi = 6{,}28\ldots$ und also $1/2\pi = 0{,}159\ldots$ Wenn die Einheit ein Meter ist, ist der Abstand des Seils von der Erdoberfläche also tatsächlich knapp 16 cm.

Übrigens: Das Ergebnis ist unabhängig vom Radius der Erde. Es gilt für jeden Kreis; der Radius spielt keine Rolle.

Unglaublich! Obwohl man alles genau ausrechnen kann, bleibt ein ungläubiges Kopfschütteln.

Dass das Ergebnis aber eine gewisse Wahrscheinlichkeit hat, sieht man an folgender Variante: Stellen wir uns vor, die Erde hätte am Äquator die Form eines Quadrats von 10 000 km Seitenlänge. Nun verlängern wir das Seil um einen Meter und ziehen es gleichmäßig nach außen. Wir können uns die Situation so vorstellen, dass oben, unten, rechts und links jeweils die 10 000 km nach außen gezogen sind und an jeder Ecke ein rechtwinkliges Stück die langen Seilstücke verbindet. Diese rechtwinkligen Stücke stammen von dem Meter Verlängerung. Also ist jedes rechtwinklige Stück ein Viertel eines Meters. Folglich steht das Seil an jeder Seite um 12,5 cm über.

Symmetrie

Symmetrische Objekte begegnen uns im täglichen Leben auf Schritt und Tritt.

Ein Mathematiker denkt bei Symmetrie vermutlich zunächst an symmetrische Kristallstrukturen. Nicht nur die sechszähligen Eiskristalle, sondern überhaupt alle Kristalle bilden symmetrische Strukturen. Zum Beispiel kristallisiert das gewöhnliche Kochsalz würfelförmig aus.

Aber auch in großen Strukturen zeigt sich Symmetrie. Viele Gebäude sind achsensymmetrisch. Nicht nur Wohnhäuser, bei denen der Giebel perfekt in der Mitte sitzt, sondern vor allem große, repräsentative Gebäude sind oft symmetrisch angelegt: Schlösser, Herrschaftshäuser, Bahnhöfe. Die Symmetrie dient hier nicht nur zur Stabilität, sondern auch zu Repräsentationszwecken.

Alles, was sich fortbewegt, ist symmetrisch: Menschen, Tiere, Vögel, Autos, Flugzeuge. Aufgrund des Widerstandes von Boden und Luft (Reibung) würde jede Unsymmetrie bewirken, dass man bei normaler Fortbewegung im Kreis laufen, schwimmen oder fliegen würde. Nur in Bereichen, in denen es keine Reibung gibt, kann man auf Symmetrie verzichten. Deshalb brauchen z.B. die Weltraumstationen weder stromlinienförmig noch symmetrisch gebaut sein.

Manchmal bilden Menschen symmetrische Muster. Jede Mannschaftsaufstellung ist symmetrisch. Bei Gruppenfotos werden die Menschen häufig symmetrisch arrangiert. Und vor unserem geistigen Auge sehen wir die hochsymmetrischen Aufmärsche in totalitären Regimen, etwa bei Parteitagen. Die Botschaft dieser Symmetrie ist unmissverständlich: »Hier herrscht Ordnung. Jeder ist nur ein Teil des Ganzen. Wer sich nicht einordnet, fällt aus dem Rahmen.«

In der bildenden Kunst bedeutet ein symmetrischer Aufbau eine Balance. Diese kann sowohl auf eine ausgewogene Darstellung prinzipiell gleichberechtigter Komponenten als auch auf eine gerechte Gegenüberstellung von Gegensätzen hindeuten. In jedem Fall vermittelt sich der Eindruck, dass beide Seiten in einem Ganzen aufgehoben sind.

In der Mathematik wird Symmetrie in einem umfassenden Sinne verstanden. Dazu gehört etwa auch die Rotationssymmetrie, die man daran erkennen kann, dass das Muster bei Drehung um einen gewissen Winkel in sich selbst übergeht. Diese Art von Symmetrie kann man zum Beispiel an vielen Autofelgen erkennen. Es gibt dort fünfzählige, sechszählige und sogar siebenzählige symmetrische Muster. Auch aus mathematischer Sicht spielt die axiale Symmetrie allerdings eine grundlegende Rolle, da man alle anderen geometrischen Symmetrieabbildungen aus Achsenspiegelungen zusammensetzen kann.

Tische, Stühle, Bierseidel

David Hilbert (1862-1943) war der bedeutendste Mathematiker der ersten Hälfte des 20. Jahrhunderts. Sein Ruhm gründet sich u.a. auf sein 1899 veröffentlichtes Werk »Grundlagen der Geometrie«. Darin wird die Geometrie endgültig rein logisch begründet. Zunächst werden Axiome aufgestellt, und aus diesen werden dann durch logische Schlussfolgerungen die geometrischen Sätze abgeleitet.

Hilbert hat als Erster ganz klar erkannt, dass es in den Axiomen nicht darauf ankommt zu sagen, was ein Punkt, eine Gerade, eine Ebene »ist« (nach dem Motto »ein Punkt ist, was keine Teile hat«, »eine Gerade ist eine breitenlose Länge« usw.). Die Aufgabe der Axiome besteht vielmehr darin zu regeln, wie man mit den Begriffen umgeht. Das ist so ähnlich wie im Schachspiel: Ich muss nicht wissen, was ein König oder eine Dame »ist« (die Frage auszusprechen, heißt ihre Sinnlosigkeit zu erkennen), sondern nur, nach welchen Regeln sie ziehen und schlagen dürfen.

Auf diese Emanzipation der Geometrie von der Physik, oder, wie man auch sagt, auf den Wegfall der ontologischen Bindung, war Hilbert stolz. Er beginnt sein Buch programmatisch: »Wir denken drei verschiedene Systeme von Dingen; die Dinge des ersten Systems nennen wir Punkte, die Dinge des zweiten Systems nennen wir Geraden; die Dinge des dritten Systems nennen wir Ebenen.« In der Tat öffnet dieser Ansatz die Geometrie für Anwendungen innerhalb und außerhalb der Mathematik.

Dieser radikale Gedanke muss schon Jahre zuvor in Hilberts Bewußtsein geschlummert haben. Jedenfalls ist folgende Anekdote überliefert: Als Hilbert auf einer Bahnfahrt im Jahre 1891 von Halle nach Königsberg in einem Berliner Wartesaal auf den Anschlusszug wartete, soll er verkündet haben: »Man muss jederzeit an Stelle von ›Punkten‹, ›Geraden‹, ›Ebenen‹«, und hier ließ er vermutlich seinen Blick schweifen, um sich von seiner Umgebung inspirieren zu lassen, und fuhr dann mit seinem Sinn für drastische Wendungen fort, »man muss an Stelle davon jederzeit ›Tische‹, ›Stühle‹, ›Bierseidel‹ sagen können.«

Und wir könnten hinzufügen: Wenn die Axiome der Geometrie für diese Objekte gelten, dann gilt auch der Satz des Pythagoras für sie.

Transzendenz

Zahlen können auf die unterschiedlichsten Arten und Weisen beschrieben und dementsprechend eingeteilt werden. Eine wichtige Art der Einteilung richtet sich danach, wie leicht bzw. schwierig Zahlen algebraisch, d.h. durch Gleichungen beschrieben werden können.

Man kann einerseits zwischen rationalen und irrationalen Zahlen unterscheiden. Also zwischen Zahlen, die als Brüche darstellbar sind, und allen anderen. Andererseits ist die Unterscheidung zwischen algebraischen und transzendenten Zahlen von besonderer Bedeutung.

Man nennt eine Zahl *algebraisch*, wenn es eine Gleichung mit rationalen Koeffizienten gibt, für die diese Zahl eine Lösung ist. Die meisten Zahlen, die wir uns vorstellen können, sind algebraisch. Zum Beispiel ist $\sqrt{2}$ eine algebraische Zahl, denn sie genügt der Gleichung $x^2 = 2$. Ebenso sind $\sqrt{3}$, $\sqrt{10}$, die siebte Wurzel aus 723 usw., algebraische Zahlen.

Es ist klar, dass alle rationalen Zahlen auch algebraisch sind: Zum Beispiel ist die Zahl 7/13 eine Lösung der Gleichung $13x = 7$. Aber auch viele irrationale Zahlen sind algebraisch.

Diejenigen reellen Zahlen, die nicht algebraisch sind, nennt man *transzendent*, denn sie »übersteigen« jede algebraische Gleichung. Das bedeutet: Eine transzendente Zahl ist nie Lösung einer Gleichung mit rationalen Koeffizienten, auch wenn diese noch so kompliziert ist.

Es ist keineswegs einfach, auch nur eine transzendente Zahl zu finden. Die ersten Zahlen, deren Transzendenz nachgewiesen wurde, sind die Eulersche Zahl e (Charles Hermite, 1873) und die Kreiszahl π (Ferdinand Lindemann 1882). Die entsprechenden Beweise sind auch heute noch schwierig nachzuvollziehen.

Überraschenderweise ist es aber so, dass fast jede reelle Zahl transzendent ist. Schon in seiner ersten Publikation zur Mengenlehre hat Georg Cantor 1874 bewiesen, dass die Menge der algebraischen Zahlen nur abzählbar, die der transzendenten aber überabzählbar ist. In einfachen Worten: Wenn man eine Zahl zufällig auswählen würde, wäre diese mit fast 100%iger Sicherheit transzendent.

Travelling-Salesman-Problem

Eines der schwierigsten Probleme der Mathematik. Und eines der wichtigsten.

Es geht um Folgendes: Ein Handelsreisender muss gewisse Städte besuchen und am Ende wieder zum Ausgangspunkt zurückkehren. Er möchte die Reihenfolge so festlegen, dass die Gesamtstrecke, die er zurücklegen muss, so klein wie möglich ist.

Wie kann er eine optimale Rundtour finden? Er könnte alle Möglichkeiten ausprobieren. Das ist aber nur theoretisch eine Lösung, da man schon bei 30 zu besuchenden Städten 265 252 859 812 191 058 636 308 480 000 000 Möglichkeiten ausprobieren müsste.

Bis heute hat man für dieses Problem keine wesentlich bessere Lösungsmöglichkeit gefunden. Dies liegt, vermutlich, nicht an der unzureichenden Phantasie der Mathematiker, sondern daran, dass es sich um ein wirklich schwieriges Problem handelt.

Es gibt Probleme, die leicht zu lösen sind. Dies bedeutet, dass der Aufwand zur Lösung nur »polynomiell« von den Eingangsdaten abhängt. Zum Beispiel sind die Grundrechenarten Addition, Multiplikation usw. in diesem Sinne leicht.

Dann gibt es Probleme, die schwierig oder leicht sein können, bei denen aber jedenfalls eine vorgeschlagene Lösung leicht zu überprüfen ist. Dazu gehört zum Beispiel das Faktorisieren von Zahlen: Vielleicht ist es wirklich schwer, große Zahlen in ihre Faktoren zu zerlegen, aber wenn ich Ihnen Zahlen a und b gebe und behaupte, ihr Produkt sei eine Zahl n, dann können Sie das leicht überprüfen, indem Sie das Produkt einfach ausrechnen. Die Klasse der Probleme mit einfach zu verifizierender Lösung nennt man aus historischen Gründen NP.

Das Travelling-Salesman-Problem gehört zu den schwierigsten Problemen in der Klasse NP. Es ist ein Schlüsselproblem, denn es hat folgende Eigenschaft: Wenn es gelingen würde, das Travelling-Salesman-Problem einfach zu lösen, dann könnte man jedes Problem der Klasse NP einfach lösen. Das ist ein raffiniertes Vorgehen: Man misst die Schwierigkeit des Problems nicht absolut, sondern in Relation zu anderen Problemen. Man weiß zwar nach wie vor nicht, ob das Travelling-Salesman-Problem wirklich schwer ist, es spricht aber einiges dafür. Denn eine Lösung dieses Problems würde auch eine Vielzahl anderer Probleme effizient lösen.

Was macht nun der travelling salesman angesichts dieser Situation? Er begnügt sich mit suboptimalen Lösungen. Als Mann der Praxis sagt er sich nämlich zu Recht: Eine Lösung, die zwar 5% von der optimalen Lösung entfernt ist, die ich aber schnell finde, ist allemal besser als die optimale Lösung, wenn die Zeit, die ich brauche, um diese auszutüfteln, größer ist als die Zeit, die ich für meine gesamte Rundtour brauche!

Unendliche Reihen

Wenn man unendlich viele Zahlen addiert, kommt dann automatisch unendlich heraus, oder kann man dabei auch eine »normale« Zahl erhalten? Antwort: Beides kann passieren, und beides kann überraschend sein.

Betrachten wir zunächst die folgende *Reihe*

$$1/2 + 1/4 + 1/8 + 1/16 + \ldots$$

Um zu erkennen, was diese Summe »ist«, betrachtet man die einzelnen Zwischensummen: Man beginnt mit 1/2, dann kommt 1/2 + 1/4 (= 3/4), dann 1/2 + 1/4 + 1/8 (= 7/8) und so weiter. Man sieht, dass diese Zwischensummen immer kleiner als 1 bleiben. Bei 1/2 + 1/4 fehlt noch 1/4 bis zu 1, bei 1/2 + 1/4 + 1/8 fehlt noch 1/8 usw. Das bedeutet: Die Zwischensummen bleiben zwar immer kleiner als 1, nähern sich aber die Zahl 1 beliebig genau an.

Aus diesem Grund ist der *Grenzwert* dieser Zwischensummen gleich 1. Man schreibt 1/2 + 1/4 + 1/8 + 1/16 + ... = 1 und sagt, die unendliche Reihe 1/2 + 1/4 + 1/8 + 1/16 + ... *konvergiert* gegen 1.

Bei dieser Reihe unterscheiden sich aufeinanderfolgende Glieder um den Faktor 1/2: Jede Zahl ist genau halb so groß wie die vorhergehende. Reihen der Art, dass sich ein Glied von dem vorigen durch einen konstanten Faktor unterscheidet, nennt man *geometrische* Reihen. Diese konvergieren, wenn ihr Faktor zwischen −1 und 1 liegt.

Kann es passieren, dass man beim Aufsummieren nicht nur immer größere Zahlen erhält, sondern dass diese über alle Grenzen wachsen?

Zunächst ist klar: Wenn man die gleiche Zahl, und sei sie auch noch so klein, unendlich oft addiert, wachsen die Zwischensummen ins Unendliche. Man nennt dies das Axiom von Archimedes. Wenn man eine konvergente Reihe erhalten möchte, müssen also die einzelnen Zahlen immer kleiner werden, ja, sie müssen sich der Zahl null beliebig nahe annähern.

Was ist denn mit der Reihe

1/2 + 1/3 + 1/4 + 1/5 + 1/6 + 1/7 + 1/8 + 1/9 + ...?

Sie sieht so ähnlich aus wie die vorige, verhält sich aber ganz anders. Die einzelnen Glieder kommen zwar der Null immer näher, trotzdem kann man fragen, ob die Zwischensummen nicht nur immer größer werden (das ist klar), sondern ob sie größer als jede Zahl werden. Wird die Summe irgendwann größer als 1? Größer als 1000? Größer als eine Million?

Die Antwort lautet: ja. Größer als 1 ist einfach: 1/2 + 1/3 + 1/4 ist schon etwa 1,083. Um größer als 2 zu werden, benötigt man schon 11 Glieder der Summe, um größer als 3 zu werden, 32 und, um größer als 1000 zu werden – viele, aber irgendwann wird eine Zwischensumme auch größer als 1000.

Man nennt die Reihe 1/2 + 1/3 + 1/4 + 1/5 + 1/6 + 1/7 + 1/8 + 1/9 + ... die *harmonische* Reihe, und sagt, sie *divergiert*.

Vierfarbenproblem

Die Vierfarbenvermutung wurde zum ersten Mal von dem britischen Mathematiker Francis Guthrie (1831-1899) geäußert, als er noch Student war.

Es geht um die Frage, ob man die Länder einer beliebigen Landkarte so mit vier Farben färben kann (jedes Land mit einer Farbe), dass je zwei Länder, die ein Stück Grenze gemeinsam haben, verschieden gefärbt sind.

Im Jahr 1879 wurde der Vierfarbensatz zum ersten Mal »bewiesen«, als Alfred Bray Kempe (1849-1922) seine Arbeit »On the geographical problem of the four colors« veröffentlichte. Die Sache wurde als erledigt angesehen – bis etwa zehn Jahre später, 1890, Percy John Heawood (1861-1955) einen Fehler in Kempes Beweis entdeckte. Das war Heawood außerordentlich peinlich, aber der Fehler war da. Heawood konnte immerhin noch zeigen, dass jedenfalls ein Fünffarbensatz gilt (»fünf Farben reichen in jedem Fall«). So blieb das Problem offen zwischen vier oder fünf.

Eine tragische Figur der Geschichte des Vierfarbensatzes ist Heinrich Heesch (1906-1995). Er vertiefte sich jahrzehntelang in das Problem, entwickelte die Methoden von Kempe subtil weiter und kam zu dem Schluss, das Problem so weit eingegrenzt zu haben, dass es mit Hilfe eines Rechners lösbar sein müsste. Er stellte also einen Antrag auf Finanzierung eines Rechners – aber dieser wurde damals abschlägig beschieden.

Kurze Zeit später betraten Kenneth Apel (geb. 1932) und Wolfgang Haken (geb. 1928) von der University of Illinois at Urbana die Szene. Sie bauten auf den Arbeiten von Heesch auf, hatten Geld für einen Computer und konnten das Problem 1976 lösen. Die Phrase »four colors suffice« (»vier Farben genügen«) war eine Zeit lang auf die Briefumschläge ihrer Universität gestempelt.

Der Beweis von Apel und Haken erregte viel Aufsehen, insbesondere weil hier zum ersten Mal beim Beweis eines Satzes der Computer essenziell eingesetzt wurde. Die Anzahl der zu untersuchenden Fälle war viel zu groß, als dass man sie von Hand hätte erledigen können. Inzwischen ist der Satz aber nachgeprüft und akzeptiert. Dennoch hätten viele Mathematiker gerne einen schönen, kurzen Beweis, den man in einer Vorlesung darstellen könnte.

Zahlen

Die Zahlen, die wir kennen und mit denen wir umgehen, sind in verschiedene Zahlbereiche eingeteilt, die sich wie die Schalen einer Zwiebel umschließen. Man gelangt von einem Bereich zum nächstgrößeren, indem man verlangt, dass gewisse Operationen (Subtraktion, Division usw.) ausführbar sind. In jeder äußeren Schicht sind auch alle Zahlen der inneren Schichten enthalten.

Die Menge der *natürlichen* Zahlen besteht aus 0, 1, 2, 3, ... (ja, 0 ist eine natürliche Zahl!). Die Menge der natürlichen Zahlen bezeichnet man mit **N**.

Wenn man zwei natürliche Zahlen addiert oder multipliziert, ergibt sich wieder eine natürliche Zahl; bei der Subtraktion oder Division ist das aber nicht der Fall. Innerhalb der Menge **Z** der *ganzen* Zahlen kann man auch ohne Einschränkung subtrahieren.

Wenn man auch unbeschränkt dividieren möchte, muss man zu den *rationalen* Zahlen übergehen. In diesen sind alle Brüche (1/2, -3/4, 18/7, ...) enthalten. Die Menge der rationalen Zahlen wird mit **Q** bezeichnet.

Der Übergang zu den reellen Zahlen ist der größte und schwierigste Schritt. In den *reellen* Zahlen (die wir mit **R** bezeichnen) sollen nicht nur Wurzeln wie $\sqrt{2}, \sqrt[17]{5}, \ldots$ enthalten sein, sondern auch alle Grenzwerte konvergenter Folgen. Dazu gehören so prominente Zahlen wie π und e. Man kann dies auch so ausdrücken: Zu den reellen Zahlen gehören neben den rationalen Zahlen auch die irrationalen Zahlen.

Die äußerste Schicht erreichen wir mit der Menge **C** der *komplexen* Zahlen. In diesen sind alle Lösungen von Gleichungen mit reellen Koeffizienten enthalten. Die berühmteste komplexe Zahl ist die Zahl i, die »imaginäre Einheit«. Diese ist eine Lösung der Gleichung $x^2 = -1$; man schreibt dafür auch i = $\sqrt{-1}$. Jede komplexe Zahl kann in der Form a + bi geschrieben werden, wobei a und b reelle Zahlen sind.

Obwohl die komplexen Zahlen auf den ersten Blick künstlich wirken, haben sie sich als unentbehrliches Hilfsmittel bei der Lösung vieler mathematischer und physikalischer Probleme erwiesen.

Ziegenproblem

Sie sind als Kandidat in einer Show bis zum vorletzten Schritt vorgedrungen. Sie befinden sich vor drei gleich aussehenden Türen und wissen, dass sich hinter einer ein schickes Auto verbirgt, hinter den beiden anderen aber nur jeweils eine Ziege (die Niete) steht. Sie zeigen auf eine Tür, ohne diese zu öffnen. Denn der Showmaster gebietet Ihnen Einhalt und sagt: »Ich helfe Ihnen ein bisschen« und öffnet eine andere Tür, hinter der eine Ziege steht. Dann fragt er Sie: »Möchten Sie bei Ihrer Entscheidung bleiben, oder wollen Sie die andere Tür wählen?«

Bei der Beantwortung dieser Frage kann Ihnen die Mathematik helfen. Diese sagt Ihnen: Sie sollten Ihre Entscheidung ändern, denn damit verdoppeln Sie Ihre Gewinnchancen!

Ich weiß: eine fast skandalöse Antwort. Es gibt unendliche, hochemotionale Diskussionen darüber. Dennoch ist die Antwort richtig. Wenn Sie bei Ihrer Erstentscheidung bleiben, gewinnen Sie mit der Wahrscheinlichkeit 1/3, wenn Sie Ihre Entscheidung revidieren, mit der Wahrscheinlichkeit 2/3.

Das ist nicht nur richtig, sondern man kann es auch einsehen. Wir stellen uns dazu zwei Personen vor, von denen die erste (N) nie wechselt, die zweite (W) immer der unausgesprochenen Suggestion des Showmasters folgt und wechselt.

N wählt zunächst eine der drei Türen. Mit Wahrscheinlichkeit 1/3 hat N die Autotür gewählt und bleibt bei dieser Entscheidung. Er gewinnt das Auto mit Wahrscheinlichkeit 1/3.

Nun zur zweiten Person W: Auch bei ihr ist nach der ersten Wahl alles festgelegt. Denn der Showmaster öffnet eine Tür, und W wählt die letzte verbliebene Tür. Das bedeutet: Wenn W zufällig (mit Wahrscheinlichkeit 1/3) die Autotür gewählt hat, wechselt er zu einer Ziegentür und hat verloren. Wenn W aber eine Ziegentür gewählt hat (Wahrscheinlichkeit 2/3), dann öffnet der Showmaster die andere Ziegentür, und W wechselt zwangsläufig zur Autotür!

Also gewinnt man mit der Wechselstrategie mit Wahrscheinlichkeit 2/3, während man sonst nur die Gewinnwahrscheinlichkeit von 1/3 hat.

Diese Sache ist außerordentlich verblüffend. Viele Menschen sehen die Lösung nicht, weil sie wie folgt argumentieren (und sich damit den Blick auf die richtige Lösung verstellen): »Wenn der Showmaster eine Tür geöffnet hat, dann gibt es nur noch zwei Türen zur Auswahl, eine mit Auto, eine mit Ziege, also«, so wird munter weitergeträumt, »stehen die Chancen fifty-fifty, und es ist völlig egal, ob man wechselt oder nicht.«

Das Problem ist, dass die Chancen eben nicht fifty-fifty sind, sondern davon abhängen, ob die zunächst gewählte Tür eine Ziegentür oder die Autotür war.

Zirkel und Lineal

Eine zentrale Aufgabe der Geometrie ist, gewisse Objekte zu konstruieren. Dabei ist die entscheidende Frage, welche Hilfsmittel verwendet werden dürfen. In Euklids Buch »Die Elemente« wurden ausschließlich die Werkzeuge Zirkel und Lineal verwendet. Dies bedeutet, dass man folgende Operationen durchführen darf:
- zu zwei bereits vorhandenen Punkten die Gerade konstruieren;
- zu drei bereits vorhandenen Punkten M, A, B den Kreis mit Mittelpunkt M und Radius AB konstruieren;
- zu bereits vorhandenen Geraden und Kreisen ihre Schnittpunkte konstruieren.

Bereits in der Antike war bekannt, dass man mit dieser Methode gleichseitige Dreiecke, Quadrate, reguläre Fünfecke und reguläre Sechsecke konstruieren kann. Die Frage, welche regulären n-Ecke man mit Zirkel und Lineal konstruieren kann, blieb aber bis 1801 ungelöst.

Nachdem C.F. Gauß am 29. März 1796 als 17-Jähriger bereits eine Konstruktion des regulären 17-Ecks gefunden hatte, veröffentlichte er fünf Jahre später folgendes Ergebnis: Ein reguläres n-Eck ist genau dann konstruierbar, wenn n ein Produkt von verschiedenen »Fermatschen Primzahlen« und einer Zweierpotenz ist. Fermatsche Primzahlen sind Primzahlen der Form $2^k + 1$, wobei k eine beliebige positive natürliche Zahl sein kann. Bis heute sind die einzigen bekannten Fermatschen Primzahlen die Zahlen 3, 5, 17, 257 und 65 537.

Man kann also zum Beispiel mit Zirkel und Lineal reguläre 257- und 65537-Ecke konstruieren, aber kein reguläres 7-Eck. Denn 7 ist zwar eine Primzahl, aber keine Fermatsche Primzahl, d.h. nicht von der Form $2^k + 1$.

Die folgenden klassischen Probleme wurden bereits in der Antike gestellt, blieben aber zwei Jahrtausende ungelöst:

- *Verdoppelung des Würfels:* Kann man aus einem gegebenen Würfel mit Zirkel und Lineal einen Würfel doppelten Volumens konstruieren?
- *Dreiteilung des Winkels:* Kann man zu jedem Winkel mit Zirkel und Lineal einen Winkel konstruieren, der genau ein Drittel so groß ist?
- *Quadratur des Kreises:* Kann man zu einem gegebenen Kreis mit Zirkel und Lineal ein flächengleiches Quadrat konstruieren?

Die Antwort auf all diese Fragen lautet: nein. Dies konnte erst mit den Mitteln der im 19. Jahrhundert entwickelten Algebra bewiesen werden. Alle drei klassischen Probleme sind unlösbar: Man kann mit Zirkel und Lineal allein weder einen Würfel verdoppeln noch beliebige Winkel dreiteilen (z.B. kann man den Winkel von 60° nicht dreiteilen), noch den Kreis quadrieren.

Zufall oder: Münzen werfen

Der Münzwurf ist ein grundlegendes Zufallsexperiment. Wenn man eine Münze wirft, ist das Ergebnis entweder Kopf (K) oder Zahl (Z). Das ist nichts Besonderes. Interessant wird es, wenn man eine Münze mehrfach wirft.

Jemand behauptet, jeweils eine Münze zehnmal geworfen und dabei folgende Ergebnisse erzielt zu haben:

$$ZZZZZZZZZZ$$

Was sagen Sie dazu? Vermutlich sagen Sie zunächst gar nichts, sondern runzeln nur die Stirn. Aber der Münzwerfer verteidigt sich und argumentiert: »Bei jedem Wurf ist die Wahrscheinlichkeit, Kopf oder Zahl zu erhalten, genau 1/2. Bei zehn Würfen einer Münze ist somit die Wahrscheinlichkeit eines bestimmten Ausgangs gleich $1/2 \cdot 1/2 \cdot 1/2 \cdot \ldots 1/2 = (1/2)^{10} = 1/1024$. Also hat der Ausgang ZZZZZZZZZZ die Wahrscheinlichkeit 1/1024, die gleiche Wahrscheinlichkeit wie jeder andere Ausgang.«

Dieses Argument ist richtig, aber mal ehrlich! Glauben Sie, dass er diese Folge zufällig erzeugt hat? Ich auch nicht.

Sie haben recht. Und zwar aus verschiedenen Gründen. Wenn es sich wirklich um eine faire Münze handelt, dann werden langfristig K und Z ungefähr gleich oft auftreten. Genauer gesagt, wird sich das Verhältnis der Anzahlen von K und Z auf 1/2 einpendeln. Jedenfalls müsste irgendwann einmal K auftreten.

Außerdem erwarten wir bei einer zufälligen Folge auch, dass ziemlich häufig zwei Z bzw. K unmittelbar aufeinanderfolgen. Diese Beobachtung wird uns einer »zufälligen« Folge ZKZKZK... gegenüber misstrauisch machen.

Man kann sich dem Problem, wie zufällig eine Folge uns erscheint (!), auch noch ganz anders nähern. Nämlich dadurch, dass wir fragen: Wie schwierig ist es denn, sich die Folge zu merken? Und die Regel heißt: Je schwieriger eine Folge zu merken ist, desto zufälliger erscheint sie uns. Die Folge ZZZZ... ist so einfach zu merken, dass wir nie auf den Gedanken kommen, sie könne zufällig sein. Auch ZKZKZKZK... ist leicht zu memorieren, denn hier kommen K und Z abwechselnd vor. Immer dann, wenn einer Folge ein Bildungsgesetz zugrunde liegt, handelt es sich mit Sicherheit nicht um eine zufällige Folge, denn wenn man schon weiß, wie es weitergeht, hat der Zufall ausgespielt.

Aber ZKKZZKKZKK ist schwer zu merken, im Grunde muss man die ganze Folge auswendig lernen. Daher würden wir, ohne zu zögern, diese Folge als zufällige Folge akzeptieren.

Register

Abel, N.H. 45
Abakus 10f., 82f.
Achilles 12
Apel, K. 103
Archimedes 71, 101
archimedische Körper 39
Axiome 64f., 94f., 101

Benford, F. 16
Benfords Gesetz 16f.
Bienenwaben 18f., 38
Binärsystem 23
Binomische Formeln 20f.
Bit 20f., 31
Bolyai, J. 65

Cantor, G. 62f., 97
CD 24
Codes 24f.

Dezimalsystem 10, 66
Diagonale des Quadrats 26f.
Die Elemente 64, 74, 108
Dimension 28f., 51
Diophant 35
Divergenz 101
Dodekaeder 72f.
Dürer, A. 49

Eichendorff, J. v. 87
Einmaleins 32f.
Euklid 48, 64f., 74, 108
Eulersche Zahl 69, 97
Exponentialfunktion 84f.

Fermat, P. de 34f.
Fermats letzter Satz 34f.

Fermatsche Primzahlen 108f.
Ferro, S. del 44
Fibonacci 67
First Digit Gesetz 16
Fraktale 50f.
Fünfeck 36f., 38f., 48, 72, 108
Fuller, B. 39
Fußball 38f.

Galois E. 45
Garfield, J.A. 77
Gauß, C.F. 40f., 65, 108
Geburtstagsparadox 42f.
Gleichung 41, 44f., 56, 76, 96f.
Gödel, K. 46f.
Goldener Schnitt 36, 48f., 55
Grenzwert 69, 100, 104
Guthrie, F. 102

Haken, W. 103
Halbwertszeit 52f.
Hales, T. 59
Halmos, P.R. 15
Handy 25
Heawood, P.J. 102
Heesch, H. 102
Herberger, S. 38
Hermite, C. 97
hexagonale Packung 57
hexagonale Struktur 58
Hilbert, D. 46, 94f.
hyperbolische Geometrie 65
Hypothenuse 76f.

Ikosaeder 72f.
Irrationalität 54f.
ISBN 24

Kanada, Y. 71
Kathete 76f.
Kempe, A. B. 102
Kepler, J. 59, 73
Kettenbriefe 85
Konvergenz 100
Koordinaten 28f.
Kreis 56f., 71, 78f., 90f., 109
Kreiszahl 90f., 97
Kroto, H. W. 39
Kugelpackungen 58f.

Le Corbusier 49
Leibniz, G. W. 23, 81
Lindemann, F. 79, 97
Lobatschewski, N. I. 65
Lotto 60f.

Mandelbrot, B. 50f.
Mengen 62f., 104f.
Mengenlehre 15, 62, 97
Menon 26

Nichteuklidische Geometrie 64f.
Newcomb, S. 16
NP 99
Null 16, 66f.

Oktaeder 72f.
Otto, F. 88

Parallelenpostulat 64f.
Parkett 18f.
Penrose, R. 87
Pentagon 37
Pentagramm 36f., 54f.
Pflasterung 18
Pi 70f., 79, 90f., 97, 105
PIN 24
Platon 26f., 73
platonische Körper 39, 72f.
polynomiell 98

Potenzmenge 63
Primzahlen 74f., 109
Pythagoras 54, 76f.
Pythagoräer 22, 54f., 76
Pythagoräische Zahlentripel 34

Quadrat 18f., 21, 26f., 36, 72, 109
Quadratur des Kreises 78f., 109

Reihen
- geometrische 101
- harmonische 101
- unendliche 100f.
Richardson, L. F. 51
römische Zahlen 82f.
Russell, B. 15

Satz des Pythagoras 20, 26, 34, 56, 76f., 95
Schachbrett 84f.
Schönheit, mathematische 86f.
Sechseck 18f., 36, 38f., 71, 73, 108
Sessa Ebn Daher 84
Shehram 84
Skaleninvarianz 17
Smalley, R. E. 39
Suchalgorithmus 31
Strichcode 24
Symmetrie 37, 73, 92f.

Tartaglia, N. 44
Tetraeder 72f.
Transzendenz 96f.
Travelling Salesman Problem 98f.
Tschernobyl 52

Variable 44
Vierfarbenproblem 102f.
Vieta, F. 44

Wahrscheinlichkeit 42f., 61, 106f., 110f.
Wegfahrsperre 25
Wiles, A. 35
Würfel 72f.

Zahlen 62f., 104f.
- abzählbare 62
- algebraische 96
- ganze 34, 41, 54f., 62, 104
- irrationale 54f., 70, 96
- komplexe 105
- natürliche 62, 74, 104
- positive 34, 41
- rationale 54f., 62, 96, 104
- reelle 63, 104f.
- transzendente 70, 79, 96f.
- überabzählbare 63

Zenon von Elea 12
Ziegenproblem 106f.
Zirkel und Lineal 36, 78, 108f.
Zufall 110

Alva Noë
Du bist nicht dein Gehirn

Eine radikale Philosophie des Bewusstseins. 304 Seiten.
Gebunden

Die Hirnforschung verkündet sensationelle Forschungsergebnisse – und kann dennoch nicht erklären, wie Bewusstsein oder Wahrnehmung entsteht. Mehr Hirnforschung bringt nur mehr Klarheit darüber, dass die Antworten nicht einfach und nicht einfach zu haben sind. Wir brauchen also weiterhin und mehr denn je die Philosophie, um zu verstehen, was das »Ich« eigentlich ausmacht. Alva Noë zeigt, wo die Ergebnisse der Hirnforschung zu kurz greifen, und erteilt den Forschern eine klare Absage, die meinen, man könne menschliches Bewusstsein demnächst in der Petrischale erzeugen. Denn der Mensch ist weit mehr als sein Gehirn. Wir sind keine Computer: Die Seele wird uns nicht aufgezwungen. Wir erschaffen sie selbst.

»Dieses Buch sollte jeder gelesen haben, der über das Denken nachdenkt.«
Oliver Sacks

PIPER

Christopher Potter
Sie sind hier

Eine handliche Geschichte des Universums. Aus dem
Englischen von Dagmar Mallett. 336 Seiten. Gebunden

Durch Raum und Zeit vom Urknall bis heute: Christopher
Potter erzählt eine erfrischend andere Kosmologiege-
schichte. Originell und unterhaltsam führt er uns zu den mo-
dernen Fragen der Astronomie. Was ist das überhaupt, was
wir Universum nennen, und was hat ausgerechnet der Mensch
in der Unendlichkeit verloren? Hat das Universum einen
Anfang und ein Ende? Und wenn ja, wie kann aus nichts
eigentlich alles werden und am Ende aus allem wieder
nichts? Wenn wir Antworten haben wollen, müssen wir den
Kosmos in seiner ganzen Pracht kennenlernen. Dann müssen wir Naturwissenschaften und Geisteswissenschaften
gleichzeitig befragen, dann müssen wir die Angst vor dem
Unendlichen bezwingen genau wie die Angst vor dem Nichts.
Erst dann können wir sagen: Wir sind hier, das ist unser
Standort. Genau zwischen allem und nichts.

»Eine geniale Erklärung der Geheimnisse des Universums.«
The New Yorker

PIPER

Heinrich Päs
Die perfekte Welle

Mit Neutrinos an die Grenzen von Raum und Zeit
oder warum Teilchenphysik wie Surfen ist.
272 Seiten mit 60 Abbildungen und Grafiken. Gebunden

Teilchenphysik hat viel von Science-Fiction. Zum Beispiel Zeitreisen. Die hält der Dortmunder Physikprofessor Heinrich Päs nämlich für durchaus möglich. Noch werden keine Menschen in einer Zeitmaschine sitzen. Wohl aber die Neutrinos. Diese superleichten, flüchtigen Elementarteilchen sind Päs' faszinierender Forschungsgegenstand. Ihre geringe Masse könnten sie der Tatsache verdanken, dass sie sich zum Teil in Extradimensionen befinden. Dimensionen, die der Mensch nicht wahrnehmen kann. Dimensionen außerhalb von Raum und Zeit.

»Schilderungen von Surferlebnissen und Besuchen von Sexshows auf der Reeperbahn gehen dabei fast bruchlos über in Diskussionen physikalischer Feinheiten – das Buch atmet jene Mischung aus mathematischer Seriosität und kreativem Spinnertum, die für wissenschaftliche Fortschritte häufig notwendig ist.«
Die Zeit

PIPER

Michio Kaku
Einsteins Würfel oder
Die Revolution von Raum und Zeit

Aus dem Amerikanischen von Inge Leipold. 272 Seiten. Gebunden

Albert Einstein war sechzehn Jahre alt, als er sich vorstellte, wie ein Lichtstrahl wohl aussehe, könnte man mit gleicher Geschwindigkeit neben ihm entlang sausen. Später, in seinem Sessel lehnend, grübelte er darüber, was passieren würde, stürzte der Sessel plötzlich senkrecht nach unten. Und er fragte sich, ob jemand, der in einem fahrenden Zug in Fahrtrichtung läuft, wohl mit höherer Geschwindigkeit unterwegs ist als der Zug selbst? Während der größte Physiker aller Zeiten stets in Bildern wie diesen dachte, veränderten seine Theorien die Welt. Ein letztes Bild blieb uns Einstein am Ende schuldig: vergeblich suchte er nach der Weltformel. Vielleicht fand er sie nicht, weil es kein Bild für »Alles« gibt?

Michio Kaku erzählt unterhaltsam wie erhellend Leben und Werk Einsteins und bietet einen einmaligen Einblick in dessen bildhaftes Denken.

Ian Stewart
Die wunderbare Welt der Mathematik

Aus dem Englischen von Helmut Reuter. 304 Seiten mit 20 Zeichnungen von Spike Gerrell und 81 Graphiken. Piper Taschenbuch

Mathematik kann einfach richtig Spaß machen. Und der phantasievolle Mathematiker Ian Stewart zeigt mit seinen vergnügten Rätselgeschichten, daß sie sogar in der Alltagssprache erklärt werden kann. Mit Mönchen, Möbelpackern, Piraten, Steinmetzen und Sherlock Holmes reist Ian Stewart durch die wunderbare Welt der Mathematik.

»Dieses Buch ist eine Einladung an alle, die ihre grauen Zellen trainieren und dabei Spaß haben wollen.«
Hamburger Abendblatt

David Foster Wallace
Die Entdeckung des Unendlichen

Georg Cantor und die Welt der Mathematik. Aus dem Amerikanischen von Helmut Reuter und Thorsten Schmidt. 416 Seiten mit 25 Abbildungen. Piper Taschenbuch

Das Nachdenken über das Unendliche führt unausweichlich zu Georg Cantor, dem Schöpfer der Mengenlehre. David Foster Wallace erzählt hier in meisterhafter Prosa die Geschichte der Entdeckung des Unendlichen seit den frühen Griechen. Zugleich zeichnet er ein Porträt des Jahrhundertmathematikers Cantor (1845 – 1918).

»Ein sehr unterhaltsames, lehrreiches und gut lesbares Buch. Selten wurde über Mathematik in einer literarischen und sprachlichen Klasse wie dieser geschrieben.«
www.mathematik.de

George G. Szpiro
Mathematik für Sonntagmorgen
50 Geschichten aus Mathematik und Wissenschaft. 240 Seiten.
Piper Taschenbuch

Die wenigsten von uns sind Mathegenies, und es gehört schon fast zum guten Ton, wenn man zugibt, nichts von Mathematik zu verstehen. Hier schafft George G. Szpiro Abhilfe. In leicht verständlicher Sprache erzählt er von der Mathematik und von berühmten Mathematikern, von gelösten und ungelösten Problemen, von Theorien und mathematischen Knobeleien. Eine Einladung in die spannende Welt der Zahlen.

»Szpiro schreibt über so ziemlich alles, was in den letzten Jahren in der Mathematik Schlagzeilen machte: von der Poincaréschen Vermutung bis zur Lösung des Apfelsinenpackproblems durch Thomas Hales. Natürlich kann man derartige Jahrhundertarbeiten nicht einmal annähernd auf ein paar formellosen Textseiten wiedergeben. Aber Szpiro gelingt es, die wesentlichen Ideen dahinter zu vermitteln.«
Spektrum der Wissenschaft

George G. Szpiro
Mathematik für Sonntagnachmittag
50 Geschichten aus Mathematik und Wissenschaft. 224 Seiten.
Piper Taschenbuch

Wissen Sie, wie sich Smarties im Rütteltest verhalten? Kennen Sie die Mathematikerin Ada Lovelace? Lässt sich das Ulam-Problem lösen? George G. Szpiro erzählt in seinen vergnüglichen Geschichten von berühmten Mathematikerinnen und Forschern, von Theorien und Hypothesen und zeigt, dass Mathematik nichts für verschrobene Käuze ist, sondern ein zentraler Teil unserer Kultur.

»Mathematik kann Spass machen. In diesem Buch erzählt der Journalist George G. Szpiro amüsante Geschichten über das Fach und seine Protagonisten.«
3sat

Richard P. Feynman
»Sie belieben wohl zu scherzen, Mr. Feynman!«

Abenteuer eines neugierigen Physikers. Gesammelt von Ralph Leighton. Herausgegeben von Edward Hutchings. Vorwort zur deutschen Ausgabe von Harald Fritzsch. Aus dem Amerikanischen von Hans-Joachim Metzger. 463 Seiten. Piper Taschenbuch

»Interessieren Sie sich für Physik? Nein? Dann sollten Sie unbedingt das Feynman-Buch lesen. Interessieren Sie sich für Physik? Ja? Dann sollten Sie unbedingt das Feynman-Buch lesen. Ein Feuerwerk von Pointen und Überraschungsgags, von spitzen Formulierungen und vielen Streichen.«
Frank Elstner, Die Welt

Richard P. Feynman
Was soll das alles?

Gedanken eines Physikers. Aus dem Amerikanischen von Inge Leipold. 153 Seiten. Piper Taschenbuch

Können wir alle Rätsel des Universums lösen? Welche Rolle spielt die Kreativität in der Wissenschaft? Warum gewinnen pseudo-wissenschaftliche Ansätze immer mehr an Einfluß? Sind die wissenschaftliche Lust auf Abenteuer und die christliche Ethik miteinander vereinbar? Über diese und andere Themen denkt der Nobelpreisträger Richard P. Feynman mit viel gesundem Menschenverstand nach und lädt den Leser auf unterhaltsame Weise zum Mitdenken ein.

»Feynmans ebenso scharfsinnigen wie humorvollen Kommentare sind ein Genuß.«
Die Zeit